照明线路安装与检修

◎主 编 高铮 桑舸

电子工业出版社·

Publishing House of Electronics Industry

北京·BEIJING

内 容 简 介

本书以"理实一体、行动导向"的理念为指导，选取实际施工中的典型工作任务进行编写。主要包括四个学习单元：室内照明设施安装与调试、室外照明设施安装与调试、智能照明设施安装与调试、照明系统运行与维护。并根据工作岗位的需求，设计各单元的项目，从室内施工、室外施工、智能照明施工再到照明系统施工完成后的运行与维护。每个项目按照识读图纸、勘测现场、现场施工及调试、工程验收与评价的实际施工流程，不断强化学生的岗位操作技能，为学生的就业打下基础。

本书在编写的过程中按照能力为本，知识够用的原则，由易到难、由简到繁地编排各学习单元中的知识点，在注重专业知识传授的同时，突出实践技能的培养，力求使学习者乐学、易学。

本书可作为职业院校机电类、电气类相关专业的教材使用。

图书在版编目（CIP）数据

照明线路安装与检修 / 高铮，桑舸主编. —北京：电子工业出版社，2018.10

ISBN 978-7-121-34493-0

Ⅰ. ①照… Ⅱ. ①高… ②桑… Ⅲ. ①电气照明－设备安装－职业教育－教材②电气照明－设备检修－职业教育－教材 Ⅳ. ①TM923

中国版本图书馆CIP数据核字（2018）第125872号

策划编辑：张 凌

责任编辑：张 凌　　特约编辑：王 纲

印　　刷：涿州市殷润文化传播有限公司

装　　订：涿州市殷润文化传播有限公司

出版发行：电子工业出版社

　　　　　北京市海淀区万寿路173信箱　邮编 100036

开　　本：787×1 092　1/16　印张：5.25　字数：134.4千字

版　　次：2018年10月第1版

印　　次：2023年1月第2次印刷

定　　价：20.00元

前 言
PREFACE

　　电气照明与人类的生产、工作和生活有着十分密切的关系，随着我国建筑业、装饰业的蓬勃发展，人们对照明光源、照明设备技术的更新及照明光环境的要求就更高了。为了满足中等职业学校电气技术类专业教学的需要，我们根据《北京中等职业学校电气运行与控制专业课程标准》，在多年教学及工程实践的基础上开发了本套教材。在本套教材的开发过程中，我们始终以科学发展观为指导，以服务为宗旨，以就业为导向，以能力为本位，以岗位需求和职业标准为依据，体现职业和职业教育的发展趋势，满足学生职业生涯发展和社会经济发展的需要。

　　本教材的突出特色体现在：

　　一是坚持"为每个人都能生存和发展"的办学理念，为学生的终身发展服务。教材建设紧密结合社会经济发展和科技进步，关注企业对人才职业能力的需求，关注学生认知规律和职业成长规律。

　　二是坚持"校企合作，学岗对接"的人才培养理念，深度校企合作。课程设置来源于企业典型职业活动，教学内容来源于岗位能力分析，针对工作任务训练技能，针对岗位标准实施考核评价。

　　三是坚持"工作过程导向"的课改理念。以典型职业活动为基础，以工作项目或工作任务为载体，遵循"教、学、做一体"的基本原则，四是坚持"行动导向"的教学模式，积极创新教学模式，以学生活动为中心，突出学生为主体，强调"做中学"，以培养学生的职业能力为目标，实施多元教学模式。

　　本书由高铮、桑舸主编并进行统稿，参与编写的人员还有陈红、闫壮国（参与了学习单元一的编写）、楚艳、蔡思远（参与了学习单元二的编写），在编写单元三的过程中还得到了王林的参与和帮助，在此一并表示感谢。

　　本书的出版尽管得益于众多专家的指导，经过编写团队的多次修改、加工，但由于时间有限、缺乏经验，书中难免存在疏漏之处，敬请读者批评指正。

微课扫一扫

课程概述

编 者

目 录
CONTENTS

室内照明设施安装与调试

单元描述 ||||

　　自从爱迪生发明了电灯以来，人造的光就走进了人们的生活，灯光照明无处不在，出现在人们生活中的每一个地方。室内照明是室内环境设计的重要组成部分，在人们的生活中，光不仅仅是室内照明的条件，而且是表达空间形态、营造环境气氛的基本元素。室内照明配线就像一座桥梁，它将电源与用电设备紧密相连，当这座桥梁安装完毕后，接下来将要进行设备设施的安装，技术人员将按照施工图纸的规定和要求正确进行设备设施的选择与安装，以满足室内区域的正常照明要求，从而使桥梁正常发挥作用。

　　本单元以办公室照明、楼层照明设施安装与调试为载体，借助照明施工图纸、通过电工工具及仪表，以配线和设备的选择与安装为切入点，完成室内照明系统中的整体布线及设备设施的选择、安装与调试工作，为今后从事与该任务相关的工作奠定基础。

学习目标 ||||

⊁ 掌握办公室照明设施安装与调试方法
⊁ 掌握楼层照明设施安装与调试方法

项目一

办公室照明设施安装与调试

目标 ||||

➢ 读懂照明线路配线平面图及安装图

➢ 按实际环境合理选择导线及设备设施

➢ 根据要求列出材料明细单

➢ 根据用户要求绘制照明配电系统图

➤ 根据用户负荷合理选择导线

➤ 本着环保节能原则合理选择灯具

➤ 完成办公室照明设施的安装

项目描述 ▏▏▏▏

本项目主要以办公室配线和照明光源及设备的选择与安装为切入点，如图 1-1 所示，借助照明施工图纸、通用电工工具及仪表，完成对某办公室室内照明系统中的整体布线及设备设施的选择、安装与调试工作。

图 1-1 办公室照明效果图

项目信息 ▏▏▏▏

办公室照明平面图及系统图如图 1-2、图 1-3 所示，图中所示灯具、控制开关、插座、线路标注及导线选择将在本项目进行学习，进而完成办公室照明设施的安装与调试工作。

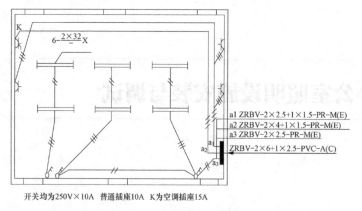

开关均为250V×10A 普通插座10A K为空调插座15A

图 1-2 办公室照明平面图

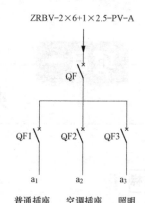

图 1-3 办公室照明系统图

一、室内配线原则

根据用户要求在室内对电器电路的安装叫作室内配线。室内配线分明配线和暗配线。室内配线应遵循以下原则。

1. 安全

室内配线及电器设备必须保证安全运行。因此，施工时选用的电器设备和材料应符合图纸要求，必须是合格产品，施工中导线的连接、接地线的安装及导线的敷设等均应符合质量要求，以保证安全运行。

2. 可靠

室内配线是为了供电给用电设备而设置的。室内配线设计与施工不合理会造成很多隐患，给室内用电设备运行的可靠性造成很大的影响。因此，必须合理布局，安装牢靠。

3. 经济

在保证安全可靠运行和发展性的前提下，应考虑其经济性，选择最合理的施工方法，尽量节约材料。

4. 方便

室内配线应保证操作运行可靠，使用和维修方便。

5. 美观

室内配线施工中，选择配线位置和电器安装的位置时，应注意不要破坏建筑的美观。

二、室内配线安装要求

（1）配线时，相线与零线的颜色应不同；同一机房或设备间相线颜色应统一，零线宜用蓝色，保护线必须用黄绿双色线。

（2）导线间和导线对地间电阻必须大于 0.5MΩ。

（3）所有线路必须全程穿管或走线槽，不便于穿管或走线槽的部位应采取适当的保护措施，并且布线要美观大方、横平竖直、牢固结实。

（4）暗管直线敷设长度超过 30 米时，中间应加装过线盒。

（5）暗管必须弯曲敷设时，其长度应小于或等于 15 米，且该段内不得有 S 弯。连续弯曲超过两次时，应加装过线盒。所有转弯处均用弯管器完成，采用标准的转弯半径。不得采用国家明令禁止的三通、四通等。

（6）暗管弯曲半径不得小于该管外径的 6～10 倍。

（7）在暗管孔内不得有各种线缆接头。

（8）电源线配线时，所用导线截面积应满足用电设备最大输出功率。

（9）电线与暖气、热水、煤气管之间的平行距离不应小于 300mm，交叉距离不应小于 100mm。

（10）穿入配管导线的接头应设在接线盒内，接头搭接牢固并涮锡，用绝缘带包缠，应均匀紧密。

（11）电源线与通信线不得穿入同一根管内。

（12）线槽线管的固定。

① 地面 PVC 管要求每间隔一米必须固定；

② 槽 PVC 管要求每间隔两米必须固定；

③ 墙槽 PVC 管要求每间隔一米必须固定。

三、照明平面图的绘制与阅读

1. 平面图绘制

（1）绘制要求。

① 按不同标高的楼层分别绘制。

② 照明设备采用图形符号。

③ 电气管线单线绘制。

（2）图纸应表达的内容。

① 照明方式和照明种类。

② 照明设备的安装位置、方式、规格及数量。

③ 管线的敷设方式、部位、导线根数。

（3）绘制步骤。

① 方案选择：照明方式、照明种类、电光源、灯具、照度。

② 灯具数：照度计算、LPD 校验（若实际值≤现行值，合理；若实际值＞现行值，调整）。

③ 布置灯具：安装位置、安装高度、安装方式、s/h 校验（若实际值≤s/h 允许，照度均匀；若实际值＞$s/h_{允许}$，须调整）。

④ 布置插座开关：数量、安装位置、安装高度、安装方式。

⑤ 配电：配电箱、电源进线、分支回路、导线敷设、导线根数。

⑥ 设计说明：图纸中无法表达或表达不清的问题。

2. 平面图阅读

平面图阅读时应掌握的主要内容如下。

（1）照明设备的数量，安装位置、方式及高度。

（2）每一条管线的敷设方式、敷设部位及导线根数。

平面图阅读时应注意的主要问题如下。

（1）各回路编号、用途等与系统图是否一致，有无差错。

（2）建筑物为多层结构时，上下垂直穿越的线缆的敷设方式和位置。

识读电气照明施工图是一个非常重要的环节，没有此环节，在理论上是不能施工的，因为电气照明施工图是施工的标准和依据。电气照明施工图主要说明房屋内电气设备、线路走向等，是建筑施工的重要内容。

四、照明施工图的组成

1. 首页

（1）图纸目录：包括图别、图号、图纸名称、规格等，其格式如图 1-4 所示。

工程名称：　　　　　　　　　　　　　　　建设单位：

工程编号：　　　　　　　　　　　　　　　完成日期：

图别	图号	图纸名称	规格	设计人	备注
照明	1	一层照明平面图	A1		

图 1-4　图纸目录格式

（2）设计说明，对图中未能表达或表达不清楚的问题进行说明。

（3）图例，列出本套图纸所使用的图形符号。

（4）设备材料表，统计本工程的主要设备和材料的名称、型号、规格、数量等重要数据，见表1-1。

表1-1 图例、主要设备材料表

序号	图例	名称	型号及规格	单位	数量	安装高度	备注
1	⊢⊐	双管荧光灯	TLD18W2×36	套	10000	吸顶	
2	▲	单相三孔插座	2P+E/2P-10A	个	500	距地 0.3 米	暗装
3	♪	双联单孔开关	MT31/2/2A	个	450	距地 1.3 米	暗装

2. 照明系统图

（1）作用：表示建筑物内外照明配电线路的控制关系。

（2）基本形式：表达各配电及保护设备之间的连接，如图1-5所示。

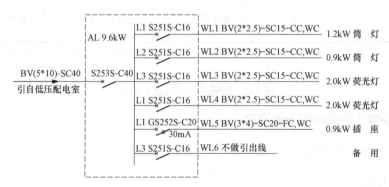

图1-5 照明系统图

它表示该住宅照明的电源取自供电系统的低压配电线路。即进户线穿过进户关后，先接入配电线（屏），再接到用户的分配电箱（屏），经电能表、刀开关或断路器，最后接到灯具和其他设备上。为了使每盏灯的工作不影响其他灯具（用电器），各条控制线路都并接在相线和中性线上，并在各自线路中串接单独控制用的开关。

五、照明施工图的格式

（1）幅面，由边框线所围成的图面，如图1-6所示。幅面代号及尺寸见表1-2。

（2）标题栏，注明图纸名称、图号等信息及供有关人员签名用的栏目，如图1-7所示。

（3）会签栏，供相关专业人员会审图纸时签名用的栏目，如图1-6所示。

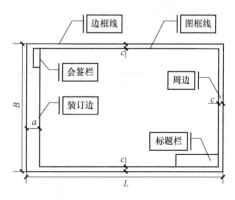

图1-6 照明施工图格式

表 1-2   幅面代号及尺寸

幅面代号	宽（$B°$）×长（$L°$）（mm×mm）	边宽 c（mm）	装订边宽 a（mm）
A0	841×1189	10	25
A1	594×841	10	25
A2	420×594	10	25
A3	297×420	5	25
A4	210×297	5	25

标题栏一般格式：通常由设计单位自定

设计单位名称		工程名称		设总		工程编号	
		项目名称		方案设计		图别	
资质证书号		图名	审定	专业负责人		图号	
			审核	设计		设计阶段	
注册师印章编号			核对	绘图		日期	

必须手签

图 1-7   照明施工图标题栏格式

六、照明施工图图面的一般规定

（一）比例和方位标志

1. 图纸比例

① 第 1 个数字是图形符号尺寸，第 2 个数字是实物尺寸。

② 以倍数比表示。

2. 方位

① 国际：上北下南，左西右东。

② 国内：一般用方位标记标明建筑物或构筑物的朝向。

1. 图线

（1）图线形式（表 1-3）

表 1-3   图线形式

图 线 名 称	图 线 形 式	应 用
粗实线	——————————	电气线路、一次线路
细实线	——————————	二次线路、干线、分支线
虚线	- - - - - - - - - -	应急照明线
点画线	—·—·—·—·—	控制线、信号线、轴线
双点画线	—··—··—··—	50V 及以下电力及照明线路

（2）图线宽度。

①图线宽度有 0.25、0.35、0.5、0.7、1.0、1.4 等。

② 通常只采用两种，若超过两种，应以 2 的倍数递增。

3. 标高

（1）绝对标高。

① 以我国青岛外黄海平面作为零点而确定的高度尺寸。

② 海拔高度。

（2）相对标高。

① 选定某一参考面为零点而确定的高度尺寸。

② 建筑高度采用以建筑物室外地坪表面为±0.00m。

（3）敷设标高。

① 选择每一层地坪或楼面为参考面而确定的高度尺寸。

② 设备安装高度。

4. 平面图定位轴线

平面图定位轴线的表示方法如图 1-8 所示。

（1）位置，主要承重构件的位置。

（2）编号，轴线分别用点画线引出。

水平编号用数字。

垂直编号用英文字母。

（3）轴线间距，由建筑结构尺寸确定。

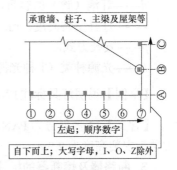

图 1-8　平面图定位轴线

5. 详图

详图是表示设备某部分的具体安装要求和做法的图纸。其表示方法如图 1-9 所示。

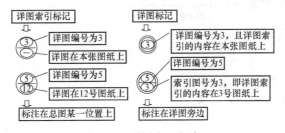

图 1-9　详图表示方法

七、照明施工图的标注

1. 照明配电线路的标注

（1）一般标注：$a–b(c×d)e–f$

（2）两种芯线截面的标注：$a–b(c×d+n×h)e–f$。

其中 a——线路编号。

b——导线或电缆型号。

c、n——线芯根数。

d、h——导线或电缆截面，mm^2。

e——敷设方式（管径，mm）。

f——敷设部位。

【举例】说明线路标注 BV（3×4）SC20-FC，WC 的含义。

【含义】3 根截面积为 4mm² 的塑料绝缘铜芯导线，穿管径为 20mm，暗敷设在地板内或墙内。

2. 照明灯具的标注

（1）一般标注：$a-b\dfrac{c\times d\times L}{e}f$。

（2）吸顶安装灯具的标注：$a-b\dfrac{c\times d\times L}{-}f$。

其中 a——灯具数量。

b——灯具型号（可不标注）。

c——每盏灯具的灯泡（管）数量。

d——灯泡（管）的容量，W。

e——灯具安装高度，m。

f——安装方式。

L——光源种类（1 种光源可不标注）。

【举例】说明灯具标注 $12\text{-PAN-A04-236}\dfrac{2\times36}{2.9}\text{P}$ 的含义。

【含义】12 盏型号为 PAN-A04-236 的双管荧光灯具，灯管的容量为 36W，采用管吊式安装，安装高度为 2.9m。

3. 断路器及熔断器的标注

（1）一般标注：$a-b-/i$。

（2）须标明引入线规格时：$a\dfrac{b-c/i}{d(e\times f)-g}$。

其中 a——设备编号（可不标注）。

b——设备型号。

c——额定电流，A。

i——整定电流（可不标注），A。

d——导线型号。

e——导线根数。

f——导线截面，mm²。

g——敷设方式。

【举例】说明断路器标注 S2501S-C32 的含义。

【含义】此断路器为 S25 系列，极数为 1 极，额定电流为 32A。

【注意】工程中断路器的标注比较灵活，有时还对断路器的极数和特性进行标注。

八、照明系统图的绘制与阅读

1. 系统图绘制

（1）绘制要求，单线+图形符号+标注（正确、完整）。

（2）图纸应表达的内容如下。

① 进线，规格型号、根数、敷设方式。

② 箱内设备，规格型号、极数、脱口器特性。

③ 支线，各分支回路的用途、容量。

- 型号规格及根数、敷设方式及部位。

- 出线回路数（分别标注 WL1～WLn）。

- 三相分配（分别标注 L1、L2、L3）。

（3）绘制步骤。

① 方案选择。电源电压、网络接线、接地形式、线路保护。

② 绘制配电箱系统图。统计负荷、导线电缆、开关设备、负荷分配、标注。

③ 绘制干线系统图。需要系数、计算负荷、导线电缆、开关设备、标注。

④ 设计说明。图纸中无法表达或表达不清的问题。

2. 系统图阅读

系统图阅读应掌握的主要内容如下。

（1）进线的线制、型号与规格、敷设方式及敷设部位。

（2）配电箱内（总、分支）开关设备的数量、型号与规格。

（3）分支线的用途和容量、导线型号与规格、导线根数、敷设方式及敷设部位。

系统图阅读应注意的主要问题如下。

（1）各回路用途、计算容量、编号等与平面图是否一致。

（2）配合。保护设备级间的配合、保护设备与保护导线间的配合。

导电材料的用途是输送和传导电流。导电材料绝大部分是金属，用作导电材料的金属通常具备以下五个特点：导电性能好、有一定的机械强度、不易氧化和腐蚀、容易加工和焊接、资源丰富且价格便宜。铜和铝是最常用的导电材料。

微课扫一扫

照明系统施工图
的标注

九、常用导电材料

1. 电线

电线又称导线，是传导电流的导体。常用的电线分为绝缘导线和裸导线两类。电线一般由线芯、绝缘层和保护层三部分组成。绝缘导线常用截面积有：$0.5mm^2$、$1mm^2$、$1.5mm^2$、$2.5mm^2$、$4mm^2$、$6mm^2$、$10mm^2$、$16mm^2$、$25mm^2$、$35mm^2$、$50mm^2$、$70mm^2$、$95mm^2$、$120mm^2$、$150mm^2$、$185mm^2$、$240mm^2$、$300mm^2$、$400mm^2$。

2. 电缆

电缆是一种多芯电线（图 1-10），即在一个绝缘软套内有多个互相绝缘的线芯，所以要求线芯间的绝缘电阻高，不易发生短路等故障。

图 1-10　常见电缆

十、电线电缆的允许载流量

电线电缆的允许载流量是指在不超过它们最高工作温度的条件下，允许长期通过的最大电流，所以允许载流量又称安全电流。用公式 $J_m = I_m/S(A/mm^2)$ 表示。式中，I_m 为允许长期通过的最大电流（A）；S 为导线线芯的截面积

（mm²）。

（1）载流量口诀。

10 下五，100 上二。25、35 四、三界，70、95 两倍半。穿管、升温八、九折。裸线加一半，铜线升级算。

（2）口诀以铝芯绝缘导线、明敷设、环境 25℃的条件为准。

（3）解释。

① 10mm² 以下导线：J=5A/mm。

② 100 mm² 以上导线：J=2A/mm。

③ 25 mm² 导线：J=4A/mm。

④ 35 mm² 导线：J=3A/mm。

⑤ 70 mm²、95 mm² 导线：J=2.5A/mm。

⑥ 穿管升温八、九折。

举例：25mm² 的铝芯绝缘导线，穿管敷设，环境温度超过 25℃，其载流量为：

不穿管升温：$25mm² \times 4A/mm² = 100A$

穿管升温：

$25mm² \times 4A/mm² \times 0.8 \times 0.9 = 72A$

25mm²　J=4A/mm　八折　九折
（穿管）（升温）

⑦ 铜线升级算。

微课扫一扫

导线安全
载流量计算

十一、槽板配线

槽板配线就是把绝缘导线敷设在槽板的线槽内，并用盖板把导线盖住。这种布线方法适用于办公室、生活间等干燥房屋内的照明。常用的槽板有两种：一种是塑料槽板，另一种是木槽板。目前以塑料槽板为主（图 1-11）。

图 1-11　常见塑料槽板

1. 槽板配线方法

（1）定位。

首先按施工图确定灯具、开关、插座和配电箱等的安装位置，然后确定导线的敷设位置，穿过墙壁和楼板的位置，以及起始、转角、终端等位置。

（2）划线及确定槽板的固定点。

根据施工图划出线路走向，与用电设备的进线口对正。

（3）槽板固定。

在砖墙固定槽板，可用钉子把槽板钉在预埋的木样上，钉子的长度至少应为底板厚度的 1.5 倍。在夹板墙或灰板天棚上固定槽板时，也可用钉子直接钉入，即先用小铁锤轻轻敲击，寻找灰板层内的"龙骨"，敲击时听到声音坚实的地方就是龙骨点，然后将底槽用钉子钉在"龙骨"上。如果槽板的固定点在"龙骨"的空档位置，则可用平头螺钉将底槽板固定在灰板条上。在混凝土上固定槽板时，可利用预埋的缠有铁丝的木螺钉或膨胀螺栓固定。

（4）敷设导线。

在配电箱及集中控制的开关板等处，可按实际需要留出足够长度，并在线端套上线号，以便接线时识别。

（5）固定盖板。

线路安装完成后，经检查无误盖上槽板并固定盖板。

2．槽板配线的注意事项

（1）为使线路安装得整齐、美观，应尽量沿房屋的脚线、横梁、墙角等处敷设，与建筑物的线条平行或垂直。

（2）在底槽板内敷设导线时，每一分路应单独用一条槽板，槽内的导线不准有接头和分支，如果必须有接头和分支，要在槽板上装设接线盒，并使接头留在接线盒内，以免因接头松脱而引起故障。

（3）施工完成后，要及时将槽板盖好，保持线路美观。

槽板的割锯

项目实施 ||||

根据所学理论知识，按照工作实际以学校电气专业组办公室照明为例，以槽板配线方式完成日光灯的安装与维修任务。

项目资源 ||||

项目资源见表 1-4。

表 1-4　项目资源

教　学　资　源	资源使用情况
办公室照明施工图纸（平面图、系统图、安装接线图）	3 张/人
导线（多芯软导线、2.5mm²、4mm²）	若干
常用电工工具	1 套/2 人
日光灯管、电子镇流器日光灯管	1 套/2 人
照明多功能实训板	1 台/2 人

知识拓展

一、电热材料

它主要用于制作电加热设备中的发热元件（表1-5）。

表1-5　常用电热材料

大 类	名 称	特 点	用 途
电热材料	镍铬合金	工作温度在1150℃，电阻率高，高温下机械强度好，便于加工，基本无磁性	家用和工业电热设备
	高熔点纯金属（铂、钼、钽、钨等）	工作温度在1300～1400℃，最高温度可达2400℃（钨）。电阻率低，温度系数大	实验室及特殊电炉
电热元件	硅碳棒 硅碳管	工作温度在1300～1400℃，抗氧化性能好，但不宜在800℃以下长时间使用	高温电加热设备发热元件
	管状电热元件	工作温度在550℃以下，抗氧化、耐振、机械强度好、热效率高，可直接在液体中加热	日用电热器发热元件、液体内加热的发热元件

二、绝缘材料

绝缘材料在技术上主要用于隔离带电导体或不同电位的导体，以保障人身和设备的安全。常用绝缘材料见表1-6。

表1-6　常用绝缘材料

大 类	名 称	用 途
绝缘漆类 绝缘胶类	电磁线漆、浸渍漆、覆盖漆、绝缘复合胶	制作电磁线，加强电机、电器线圈绝缘，绝缘器件表面保护，密封电器及零部件
塑料制品	塑料、薄膜、胶带及复合制品	制作高温、高频电线电缆绝缘，电容器介质，包缠线头，电机层间、端部、槽绝缘
电瓷制品	瓷绝缘子	用于架空线、缆的固定和绝缘
橡胶制品	橡胶管、橡胶皮、橡胶板	制作电线、电缆绝缘皮、电器设备绝缘板、绝缘棒、电器防护用品
层压制品	层压板、层压管、层压棒	电机、电器等设备中的绝缘零部件、灭弧材料
绝缘油	天然绝缘油、化工绝缘油	用于电力变压器、开关、电容器、电缆的灭弧绝缘
绝缘包带	电工用黑胶布、涤纶带、橡胶带、黄蜡绸、黄蜡带	用于电线、电缆接头、电机绕组接头等恢复绝缘层

三、磁性材料

常用磁性材料包括软磁材料和硬磁材料两大类。

1. 软磁材料

（1）硅钢片。

硅刚片是在铁材料中加入少量硅制成的。它是电力、电子工业的主要磁性材料。其表面具有绝缘层，用以减小涡流损耗。

（2）导磁合金。

铁镍合金又称坡莫合金。由于它的高频特性好，多用于频率较高的场合，如制作小功率变压器、脉冲变压器、微电机、继电器、磁放大器等的铁芯、记忆元件等。

铁铝合金多用于制作小功率变压器、脉冲变压器、高频变压器、微电机、互感器、继电器、磁放大器、电磁间和分频器的磁芯。

（3）铁氧体材料。

铁氧体由陶瓷工艺制作而成，是硬而脆、不耐冲击、不易加工的软磁性材料，适用于100～500kHz。的高频磁场中导磁，可作为中频变压器、高频变压器、脉冲变压器、开关电源变压器、高频电焊变压器、高频扼流圈、中波与短波天线导磁材料。

2. 硬磁材料

硬磁材料它又称永久材料，具有较强的剩磁和矫顽力。在外加磁场撤去后仍能保留较强剩磁，多用于磁电式仪表、永磁电机、微电机、扬声器、里程表、速度表、流量表等内部的导磁材料。

四、常用电工工具

正确使用和妥善维护保养工具，既能提高生产效率和施工质量，又能减轻劳动强度，保证操作安全和延长工具的使用寿命。电气操作人员必须掌握电工常用工具的结构、性能和正确的使用方法。

1. 验电笔

验电笔是检验线路和设备带电部分是否带电的工具，通常制成钢笔式和螺丝刀式两种。其结构如图 1-12 所示。

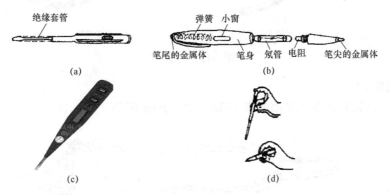

图 1-12　验电笔

验电笔使用方法：使用时，注意手指必须接触金属笔尾（钢笔式）或验电笔顶部的金属螺钉（螺丝刀式），使电流由被测带电体经试电笔和人体与大地构成回路。只要被测带电体与大地之间电压超过 60V，氖管就会起辉发光。观察时应将显示窗口背光朝向操作者，低压试电笔检测电压的范围为 60～500V。

1. 旋具

（1）螺钉旋具。

常用的螺钉旋具有一字形、十字形和专用几大类。

（2）无感螺钉旋具。

无感螺钉旋具俗称无感起子，无感螺钉旋具一般用尼龙等材料制成，或者用塑料压制而成，顶部嵌有一块不锈钢片，如图1-13所示。

（3）组合工具。

现在流行套装组合工具，由不同规格的螺丝刀、锥、钻、凿、锯、锤等组成，柄部和刀体可以拆卸使用，柄部内装氖管、电阻、弹簧，可作为试电笔使用，如图1-14所示。

图1-13　无感螺钉旋具

图1-14　套装组合

（4）钳子。

钳子按用途不同可分为尖嘴钳、钢丝钳、偏口钳、剥线钳等。

① 尖嘴钳。

常用的尖嘴钳有两种：普通尖嘴钳及长尖嘴钳（图1-15）。

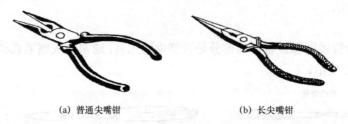

(a) 普通尖嘴钳　　　　　　　　(b) 长尖嘴钳

图1-15　尖嘴钳

② 钢丝钳。

钢丝钳规格较多，电工常用的有175mm和20mm两种（图1-16）。

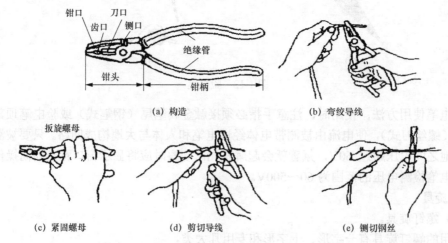

(a) 构造　　　　　　　　(b) 弯绞导线

(c) 紧固螺母　　　　　(d) 剪切导线　　　　　(e) 铡切钢丝

图1-16　钢丝钳的构造与使用

③ 偏口钳。

偏口钳有时也叫斜口钳，其外形如图 1-17 所示。

④ 剥线钳。

它的手柄是绝缘的（图 1-18），因此可以带电操作，工作电压一般不允许超过 500V。

图 1-17　偏口钳　　　　　　　　　　　　图 1-18　剥线钳

（5）扳手。

常用扳手有固定扳手、套筒扳手、活扳手三类。

① 固定扳手。

需要紧固或拆卸方头或六角头螺栓、螺母时，可选用固定扳手。固定扳手俗称呆扳子，如图 1-19 所示为各种固定扳手。

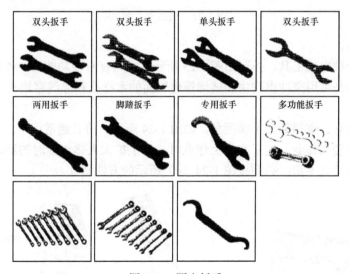

图 1-19　固定扳手

② 套筒扳手。

套筒扳手除具有一般扳手的特点外，特别适合在装配位置狭小、凹下很深的部位及不允许手柄有较大转动角度的场合下紧固、拆卸六角螺栓或螺母。

3）活扳手

活扳手如图 1-20 所示。

活扳手可以扳动一定尺寸范围的六角头或方头螺栓、螺母，其开口宽度可以调节。

（6）电工刀。

电工刀是用来剖削或切割电工器材的常用工具，如图 1-21 所示。

正确握法　　错误握法

图 1-20　活扳手

图 1-21　电工刀

（7）钢锯。

钢锯是锯割各种金属板和电路板的工具，如图 1-22（a）所示。孔锯是在木板、金属板和电路板等面上开孔的工具，如图 1-22（b）所示。

(a) 钢锯　　　　　　　　　　　　(b) 孔锯

图 1-22　钢锯和孔锯

（8）冲击钻。

冲击钻是一种电动工具，外形如图 1-23 所示。它具有两种功能，一种是可作为普通电钻使用，另一种是可用来冲击砌块和砖墙等建筑面的木样孔和导线穿墙孔。

（9）梯子。

电工常用的有一字梯和人字梯两种，如图 1-24 所示，前者通常用于户外登高作业，后者通常用于户内登高作业。电工在梯上作业时，为了扩大人体作业时的活动幅度和保证不致因用力过猛而站立不稳，必须按图 1-24（c）所示的方法站立。

防滑拉绳

防滑胶皮

(a)　　　　　　(b)　　　　　(c)

图 1-23　冲击钻　　　　　　　　　图 1-24　梯子

（10）防护用品。

电工进行电气操作时，必须戴防护帽、防护手套，穿电工绝缘胶鞋和电工工作服。

（11）电工包。

它是电工人员必备用具，装有各种电工用具。

项目评价 ||||

项目评价见表 1-7。

表 1-7 项目评价表

课程名称：照明线路安装与检修						
学习单元一 室内照明设施安装与调试						
项目一 办公室照明设施安装与调试						
工作组长			日期			
组员			班级			
序号	评价内容	学生自评 20%	工作组互评 30%	教师评价 20%	企业评价 30%	占该项目百分比
1	办公室照明图识读					20%
2	导线规格、型号的识别及安全载流量的计算					10%
3	低压电工工具使用					10%
4	单股导线连接					20%
5	槽板配线方式安装					20%
6	安全文明操作					20%
占学习单元（50%）			本次成绩：			

评价细则：采用 100 分制评分，最小单位为 1 分

100～85 分：正确识读办公室照明图，能够根据系统图纸中的要素合理选择照明设备设施及工具，导线连接及槽板配线符合相关国标或规范，实训纪律好、学习态度端正

84～70 分：正确识读办公室照明图，根据系统图纸中的要素选择照明设备设施及工具错误在 1 个以内，导线连接及槽板配线符合相关国标或规范，实训纪律好、学习态度端正

69～60 分：在他人指导下能够正确识读办公室照明图，根据系统图纸中的要素选择照明设备设施及工具错误在 3 个以内，导线连接及槽板配线符合相关国标或规范，实训纪律好、学习态度端正

60 分以下：在他人指导下不能够识读办公室照明图，根据系统图纸中的要素选择照明设备设施及工具错误在 3 个以上，导线连接及槽板配线符合相关国标或规范，实训纪律好、学习态度端正

备注：

小结（学生填写）：

优点：

不足：

项目二

楼层照明设施安装与调试

目标 ||||

学习本项目后，学生应能：

➢ 读懂照明线路配线平面图及安装图

➤ 按实际环境合理选择导线及设备设施

➤ 根据用户负荷合理选择导线

➤ 本着环保节能原则合理选择灯具

➤ 完成楼层照明设施安装

项目描述 ‖‖

　　本项目主要以教学楼某层配线和照明光源及设备的选择与安装为切入点，如图 1-25 所示，借助照明施工图纸、通用电工工具及仪表，完成室内楼层照明系统的整体布线及设备设施的选择、安装与调试工作。

图 1-25　楼层照明效果图

项目信息 ‖‖

　　如图 1-26 所示为四层教学楼的二层局部建筑平面图，供电电源来自一层，管线暗设在墙内。其中一间教室和一间准备室所安灯具为双管荧光灯（共 13 盏，额定功率为 2×36W，安装位置距离地面 2.7 米）和单管荧光灯（共 2 盏，额定功率为 36W，安装位置距离地面 2.7 米），楼道及厕所安装的灯具为圆形吸顶灯（共 6 盏，额定功率为 20W），教室及准备室的灯具均由双联开关控制，楼道灯具均由单联开关控制，所安插座均为三相插座。通过本项目的学习，完成某楼层照明设施的安装与调试工作。

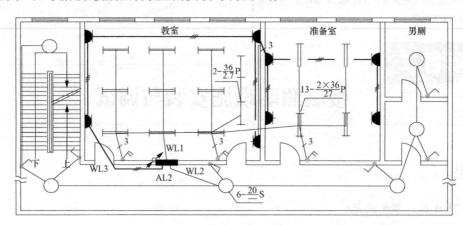

图 1-26　二层局部建筑

一、照明种类

1.一般照明

这种方式是为整个房间设置的，可使整个房间获得均匀亮度。

2.局部照明

这是为满足局部亮度的需要设置的照明方式，可使有限范围内得到较高的亮度，以满足工作、学习的需要。

3.混合照明

这是由一般照明和局部照明混合组成的照明方式，整个场所的均匀亮度由一般照明提供，局部高亮度或特殊方向的照明由局部照明提供。

4.事故照明

事故照明是当正常照明因故障而熄灭时，提供继续工作或安全通行的照明。事故照明的电源应单独配电，以确保事故照明用电，如重要场所的警卫照明、工作场所的值班照明、建筑物上显示障碍的障碍照明等。

二、常见电光源的分类

常见电光源的分类见表1-8。

表1-8　常见电光源的分类

电光源	固体发光光源	热辐射发光光源	白炽灯	
			卤钨灯	
		电致发光光源	场致发光灯 EL	
			半导体发光管 LED	
	气体放电发光光源	辉光放电灯	氖灯	
			霓虹灯	
		弧光放电灯	低压气体放电灯	荧光灯
				低压钠灯
			高压气体放电灯 HID	高压汞灯
				高压钠灯
				金属卤化物灯
				氙灯

1.热辐射发光光源

热辐射发光光源是利用电流将灯丝加热到白炽程度而产生热辐射发光的一种光源，例如白炽灯和卤钨灯，如图1-27所示。

图1-27　白炽灯和卤钨灯

2. 气体放电发光光源

气体放电发光光源是利用电流通过灯管中的气体而产生放电发光的一种光源，如荧光灯、氖灯、钠灯、荧光高压汞灯和金属卤化物灯等，如图 1-28 所示。

图 1-28　荧光灯、氖灯、钠灯、荧光高压汞灯、金属卤化物灯

图 1-29　霓虹灯

3. 其他电光源

（1）霓虹灯。

它是一种辉光放电光源，用细长、内壁涂有荧光粉的玻璃管在高温下制成各种图形或文字，然后抽成真空，在灯管中充入少量的氨、氦、氖和汞等气体。在灯管两端安装电极，配以专用的漏磁式变压器产生 2kV 左右高压。在高电压作用下，霓虹灯灯管产生辉光放电现象，发出各种鲜艳的光色，如图 1-29 所示。

霓虹灯灯管在电子程序控制器的控制下，产生多种循环变化的灯光彩色图案，给人一种美丽动感的气氛和广告效果（表 1-9）。

表 1-9　霓虹灯的发光色彩和玻璃管内的气体及玻璃管颜色的关系

灯 光 色 彩	管 内 气 体	荧光粉颜色	灯 光 色 彩	管 内 气 体	荧光粉颜色
红色	氖	无色	白色	氩、少量汞	白色
桔黄色		奶黄色	奶黄色		奶色
桔红色		绿色	玉色		玉色
玫瑰色		蓝色	淡玫瑰红		淡玫瑰红
蓝色	氩、少量汞	蓝色	金黄色		金黄色加奶黄粉
绿色		绿色	淡绿色		绿白混合粉

（2）场致发光灯（屏）。

利用场致发光现象制成的发光灯（屏）如图 1-30 所示。场致发光屏的厚度仅几十微米。场致发光屏可以通过分割做成各种图案与文字，因此场致发光灯可用作指示照明、广告、计算机显示屏、飞机、轮船仪表的夜间显示器（仪）等。

图 1-30　场致发光灯

（3）发光二极管（LED 灯）。

它体积小、质量轻、耗电省、寿命长、亮度高、响应快。通过组合，发光二极管常用于广告显示屏、计算机、数字化仪表的显示器件。

三、电光源的命名方法

1. 电光源型号的命名

第一部分为字母，由电光源名称主要特征的三个以内汉语拼音字母组成。如 PZ220～40，PZ 是汉语拼音"普通照明"两词的第一个字母的组合。

第二部分和第三部分一般为数字，主要表示光源的电参数。如 PZ220～100 表示灯泡额定工作电压为 220V，额定功率为 100W。

第四部分和第五部分为字母或数字，由表示灯结构（玻璃壳形状或灯头型号）特征的 1～2 个汉语拼音字母和有关数字组成。规定 E 表示螺口，B 表示插口。如 PZ220～100～E27，E27 表示螺口式灯头，灯头的直径为 27mm。

2. 电光源的选用

选用电光源首先要满足照明场所的使用要求，如照度、显色性、色温、启动和再启动时间等。尽量优先选择新型、节能型电光源。其次考虑环境条件要求，如光源安装位置、装饰和美化环境的灯光艺术效果等，最后综合考虑初投资与年运行费用。

（1）按照明设施的目的和用途选择电光源。

（2）按环境要求选择电光源。

（3）按投资与年运行费用选择电光源。

选择电光源时，在保证满足使用功能和照明质量的前提下，应重点考虑灯具的效率和经济性，并进行初始投资费、年运行费和维修费的综合计算。

在经济条件比较好的地区，可设计选用发光效率高、寿命长的新型电光源，并综合各种因素考虑整个照明系统，以降低年运行费和维修费用。

四、灯具的选择

1. 选用原则

（1）功能原则，合乎要求的配光曲线、保护角、灯具效率，款式符合环境的使用条件。

（2）安全原则，符合防触电安全保护规定要求。

（3）经济原则，初投资和运行费用最小化。

（4）协调原则，灯饰与环境整体风格协调一致。

2. 选择方法

（1）正常环境中，选开启式灯具。

（2）潮湿的房间，选防水式灯具。

（3）特别潮湿的房间，选防水、防尘密闭式灯具。

（4）有腐蚀气体和蒸汽的场所，以及有易燃易爆气体的场所，选耐腐蚀的密闭式灯具和防爆灯具。

六、楼层照明配电系统的一般要求

（1）照明供电电压一般采用 220V，若负荷电流超过 30A，应采用 220/380V 电源。

（2）在触电危险较大的场所，局部照明应采用 36V 及以下的安全电压。

（3）照明系统的每一单相回路，线路长度不宜超过 30m，电流不宜超过 16A，灯具为单独回路时数量不宜超过 25 个；大型的建筑物不超过 25A，光源数量不宜超过 60 个。

图 1-31　嵌入式暗装配电箱

（4）插座应单独设回路，若插座与的灯具混为一回路时，插座的数量不宜超过 5 个。

七、楼层嵌入式暗装配电箱的安装

若嵌入式暗装配电箱（图 1-31）安装在设计指定位置，在土建砌墙时先把与配电箱尺寸和厚度相等的木框架嵌在墙内，使墙上留出配电箱安装孔洞，待土建结束，配线管预埋工作结束，敲去木框架将配电箱嵌入墙内，校正垂直和水平位置，垫好垫片将配电箱固定好，并做好线管与箱体的连接固定，然后在箱体四周填入水泥砂浆。

八、楼层应急照明安装

应急照明包括疏散照明、安全照明和备用照明。

疏散照明是为使人员在紧急情况下能安全地从室内撤离至室外或某安全地区（如避难间）而设置的照明及疏散指示标志。

备用照明是在正常照明失效时，为继续工作或暂时继续工作而设置的照明。

安全照明则是在正常照明突然中断时，为确保处于潜在危险的人员的安全而设置的照明。

微课扫一扫　　　　　　微课扫一扫　　　　　　微课扫一扫

家庭配电箱安装方法　　直角尺在槽板锯割中的应用　　万能角度尺在槽板据割中的应用

项目实施

说明：根据所学理论知识，按照工作实际以学校教学楼二层照明配线系统为例，以槽板配线方式完成楼梯灯的安装与维修任务。

微课扫一扫　　　　　　　微课扫一扫

人工双控照明线路　　　　双联开关及警报灯安装

项目资源 |||

项目资源见表 1-10。

表 1-10 项目资源

教 学 资 源	资源使用情况
楼层照明施工图纸（平面图、系统图、安装接线图）	3 张/人
电工工具（卷尺、一字改锥、十字改锥、电工刀、剥线钳、尖嘴钳、梯子、绝缘手套、安全帽等）	1 套/2 人
测试仪表（验电笔、万用表）	1 套/2 人
不同型号导线（2.5mm²、4mm²）	若干
接线盒、PVC 槽板	若干
绝缘胶带、砂纸、锯条	1 卷/人
电气照明实训台	1 台/2 人

知识拓展 |||

一、灯具的分类

1. 按安装方式分类

灯具按安装方式可分为顶棚嵌入式、顶棚吸顶式、悬挂式、壁灯、发光顶棚、高杆灯、落地式、台式、庭院灯、建筑临时照明等（图 1-32）。

顶棚嵌入式　　　　顶棚吸顶式　　　　悬挂式

壁灯　　　　发光顶棚　　　　高杆灯

落地式　　　台式　　　庭院式　　　建筑临时照明

图 1-32 灯具的分类

2. 按灯具用途分类

（1）实用照明灯具，如荧光灯、路灯、室外投光灯具和陈列室用的聚光灯具等，主要以照明功能为主。

（2）应急、障碍照明灯具，如地下室、影院应急照明灯具。

（3）装饰照明灯具，如豪华的大型吊灯、草坪灯等。

3. 按灯具外壳结构分类

（1）开启型灯具，能通过某一方位或某一按键即可开启进行操作的一类灯具，不用完全把灯具卸下来（图1-33）。

（2）闭合型灯具，如天棚灯和庭院灯等（图1-34）。

（3）密闭型灯具（图1-35），如浴室、厨房、潮湿或有水蒸气的车间、仓库及隧道、露天场所等安装的灯具。

图1-33　开启型灯具	图1-34　闭合型灯具	图1-35　密闭型灯具

（4）防爆安全型灯具，如图1-36所示，这种灯具使周围环境中的爆炸气体不能进入灯具内部，可避免灯具在正常工作中产生的火花而引起爆炸。

（5）隔爆型灯具，结构特别坚实，并且有一定的隔爆间隙，即使发生爆炸也不易破裂，如图1-37所示。

图1-36　防爆安全型灯具　　　　　　　　图1-37　隔爆型灯具

（6）防腐型灯具，适用于含有害腐蚀性气体的场所。

二、单股导线的连接

导线连接的基本要求：接触紧密、接头电阻不应大于同长度、同截面导线的电阻值；接头的机械强度不应小于该导线机械强度的80%；接头处应耐腐蚀，有利于防止外界气体的侵蚀；接头处的绝缘强度与该导线的绝缘强度相同。

1. 单股线芯的直接连接

先剥掉两接线端的绝缘层，将芯线呈X形相交，如图1-38（a）所示；互相绞接2~3圈，然后扳直两线端，如图1-38（b）所示；再将每个线端在线芯上紧贴并缠绕6~8圈，剪去多余的线端，钳平芯线末端，如图1-38（c）所示。

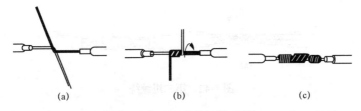

图 1-38　单股导线直接连接

2. 单股线芯的 T 字分支连接

连接时，要把支线线芯头与干线线芯十字相交，使支线线芯根部留出 3～5mm，然后按顺时针方向缠绕支路线芯。缠绕 6～8 圈后，钳去多余的芯线，并钳平芯线末端，如图 1-39（a）所示。对于较小截面线芯，可环绕成结状，再把支路芯线线头抽紧扳直，紧密地缠绕 6～8 圈，剪去多余线芯，钳平切口毛刺，如图 1-39（b）所示。

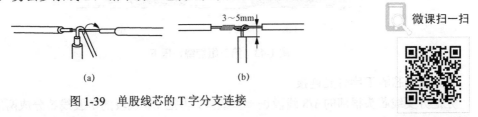

图 1-39　单股线芯的 T 字分支连接

微课扫一扫

单股导线 T 字连接

三、多股导线的连接

1. 7 股线芯的直接连接

先将剥去绝缘层的线芯散开并拉直，把靠近根部的 1/3 线段的线芯绞紧，然后把剩余的 2/3 线段分散成伞骨状，并将每股拉直，如图 1-40（a）所示。

把两伞骨状线头隔股对叉，如图 1-40（b）所示，然后捏平两端每股线芯，如图 1-40（c）所示。

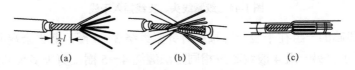

图 1-40　绞紧、对叉、拉直

再把一端的 7 股线芯按 1、2、3 股分成三组，接着把第一组 2 股线芯扳起，垂直于线芯，如图 1-41（a）所示，然后按顺时针方向紧贴并缠两圈，再扳成与线芯平行的直角，如图 1-41（b）所示。

图 1-41　第一组缠绕

按照上一步的方法继续紧缠第二组线芯，但在后一组线芯扳起时，应把扳起的线芯紧贴住前一组线芯已弯成直角的根部，如图 1-42 所示。

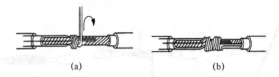

图 1-42　第二组缠绕

第三组线芯应紧缠 3 圈，如图 1-43（a）所示，但缠到第 2 圈时，就应把前两组多余的线芯端剪去，线端切口应刚好被第 3 圈缠好后全部压下，不应有伸出第 3 圈的余端。当缠绕到两圈半时，把 3 股线芯多余的端头剪去，使之正好绕满 3 圈并钳平切口毛刺，如图 1-43（b）所示。另一端的连接方法完全相同。

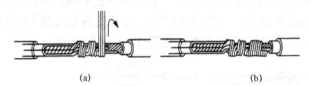

图 1-43　第三组缠绕、压下

2. 7 股线芯的 T 字分支连接

先把分支线芯头根部的 1/8 线段进一步绞紧，再把 7/8 线段的 7 股线芯分成两组，如图 1-44（a）所示。接着，把干线线芯用一字螺丝刀撬开分成两组，把支线 4 股线芯的一组插入干线的两组线芯中间，如图 1-44（b）所示。

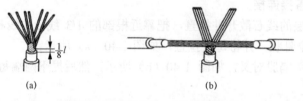

图 1-44　绞紧线头、支线插入干线

再把 3 股线芯的一组往干线一边按顺时针紧缠绕 3～4 圈，剪去余端并钳平切口，如图 1-45（a）所示。另一组 4 股线芯按相同方法缠绕 4～5 圈，剪去多余部分并钳平切口，如图 1-45（b）所示。

微课扫一扫

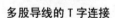

多股导线的 T 字连接

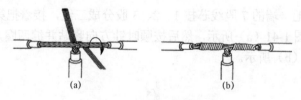

图 1-45　缠绕、钳平切口

四、线头与螺钉端子的连接

（1）连接的工艺要求。压接圈和接线耳必须压在垫圈下边，压接圈的弯曲方向必须与螺钉的拧紧方向保持一致，导线绝缘层切不可压入垫圈内，螺钉必须拧得足够紧，但不得用弹簧垫圈来防止松动。连接时，应清除垫圈、压接圈及接线耳上的油垢。

（2）单股导线压接圈的弯法。其工艺步骤和操作方法如图1-46所示。

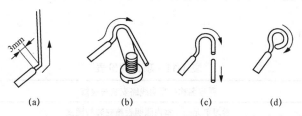

（a）　　　　　　（b）　　　　　　（c）　　　　　　（d）

图1.46　单股线芯压接圈的弯法

（3）7股导线压接圈的弯法。把离绝缘层根部约1/2线段的线芯重新绞紧，越紧越好，如图1-47（a）所示。把重新绞紧的部分线芯，在1/3处向左外折角，然后开始弯曲圆弧，如图1-47（b）所示。

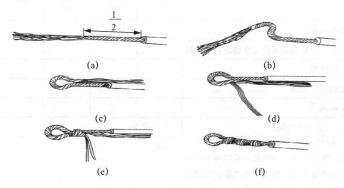

（a）　　　　　　　　　　　　　　　（b）

（c）　　　　　　　　　　　　　　　（d）

（e）　　　　　　　　　　　　　　　（f）

图1-46　7股导线压接圈弯法

当圆弧弯曲的将成圆圈（剩下1/4）时，应把余下的线芯重新绞紧，并向右外折。然后使之成圆，如图1-47（c）所示。

把弯成压接圈后的线头旋向由右向扳至左向；并捏平余下线端，使2股线芯平行，如图1-47（d）所示。

把置于最外侧的2股线芯折成垂直状（要留出垫固边宽），接着按7股芯线直线对接的自缠法进行加工，如图1-47（e）所示缠成后的7股芯线压接圈如图1-47（f）所示。

（4）线头与具有瓦形垫圈的螺钉端子的连接。这种接线端子的压紧方式与（3）中所述类似；只是垫圈采用瓦形（或称桥形）构造，为了防止线头脱落，在连接时应将线芯按如图1-48（a）所示的工艺方法进行处理。如果需要把两个线头接入同一个接线端子，则按图1-48（b）所示的方法进行连接。

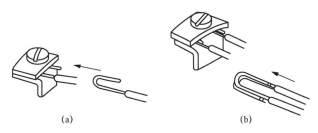

（a）　　　　　　　　　　　　　　　（b）

图1-48　导线线头与具有瓦形垫圈的螺钉端子的连接方法

项目评价

项目评价见表1-11。

表 1-11　项目评价表

课程名称：照明线路安装与检修					
学习单元一　室内照明设施安装与调试					
项目二　楼层照明设施安装与调试					
工作组长			日期		
组员			班级		
序号	评价内容	学生自评 20%	工作组互评 30%	教师评价 20%	企业评价 30%	占该项目百分比
1	楼层照明图识读					10%
2	导线规格、型号的识别及安全载流量的计算					20%
3	多股导线连接					20%
4	槽板配线方式安装					20%
5	安全文明操作					30%
占学习单元（50%）		本次成绩：				
评价细则：采用100分制评分，最小单位为1分 100～85分：正确识读楼层照明图，能够根据系统图纸中的要素合理选择照明设备设施及工具，导线连接及槽板配线符合相关国标或规范，实训纪律好、学习态度端正 84～70分：正确识读楼层照明图，根据系统图纸中的要素选择照明设备设施及工具错误在1个以内，导线连接及槽板配线符合相关国标或规范，实训纪律好、学习态度端正 69～60分：在他人指导下能够正确识读楼层照明图，根据系统图纸中的要素选择照明设备设施及工具错误在3个以内，导线连接及槽板配线符合相关国标或规范，实训纪律好、学习态度端正 60分以下：在他人指导下不能够识读楼层照明图，根据系统图纸中的要素选择照明设备设施及工具错误在3个以上，导线连接及槽板配线符合相关国标或规范，实训纪律好、学习态度端正		备注： 小结（学生填写）： 优点： 不足：				

室外照明设施安装与调试

单元描述 ||||

　　室外照明是城市现代化建设中的重要组成部分，是现代生活的标志之一，是技术与艺术的有机结合。搞好城市室外照明，不仅可美化城市，对于促进经济发展、繁荣旅游业，都有重大的意义。室外照明的作用不是说让建筑亮起来就行，而是通过灯光的渲染来表现建筑物的特征，注重保护自然景观，节约能源，减少污染，使人们生活在一个自然、清新、美好的都市环境中，从而使得夜晚的城市变得生机勃勃。

　　本单元以广告、装饰照明、灯光球场照明设施的安装与调试为载体，借助照明施工图纸、通过电工工具及仪表，以配线和设备的选择与安装为切入点，完成室外照明系统中的整体布线及设备设施的选择、安装与调试工作，为今后从事与该任务相关的工作奠定基础。

学习目标 ||||

➤ 掌握广告、装饰照明设施安装与调试方法
➤ 掌握灯光球场照明设施安装与调试方法

项目一

广告、装饰照明设施安装与调试

目标 ||||

学习本项目后，学生应能：

➤　按图纸要求正确接线
➤　完成室外广告及装饰照明线路接线

项目描述 ||||

　　环境照明给人创造舒适的视觉环境，以及具有良好照度的工作环境，并配合室内的艺术设计起到美化空间的作用，如图 2-1 所示，本项目主要通过识读照明施工图纸来确定室

外广告、装饰照明使用的导线及线管的种类、型号及敷设的方式，借助常用电工工具，完成某酒店室外广告、装饰照明系统整体配线的选择、安装与调试。

图 2-1　广告、装饰照明效果图

项目信息

室外环境照明主要是指人们进行室外活动和社会交往的城市"公共空间环境"的照明，如公共建筑的外部空间、居住区住宅楼的外部空间及城市中相对独立的街道、广场、绿地和公园等的照明。这些城市空间随着以人为本、社会文化的发展及价值观念的变化而不断发展演变，逐渐成为新的具有环境整体美、群体精神价值美和文化艺术内涵美的城市公共空间。通过本项目的学习，完成广告、装饰照明设施的安装与调试工作。

一、室外建筑装饰照明

室外建筑装饰照明常采用泛光照明、建筑轮廓照明、建筑物内透光照明等照明方式。

1. 泛光照明（立面照明）

泛光照明是亮化建筑物的最基本、最有效的照明方式之一，是建筑物装饰照明的重要表现方法之一，也是创造和美化城市夜景的重要方式之一。通过设计师的精心照明设计，使建筑物在夜晚层次分明、立体感强，并且强调和突出建筑物的个性（如外形、材料质感、颜色及装饰细部等），创造出比白天更美妙的效果。

（1）投光灯的安装位置。

选择投光灯的安装位置时，要尽量使被照建筑物表面有比较均匀的照度，能够形成适当的阴影和亮度对比效果，如图 2-2 所示。

（a）在邻近的建筑物上安装　　（b）在靠近建筑物的墙面上安装　　（c）在建筑物本体上安装　　（d）在附近设置投光灯柱

图 2-2　投光灯的安装位置

（2）泛光照明举例。

如图 2-3 所示。为某高档宾馆的泛光照明，为了突显主楼的雄伟高大和建筑物的西方建筑风格,主楼采用高照度的投光灯照明,并且在顶层加装一些辅助投光灯照明,消除了阴影,重点突出了建筑物的轮廓和立体感。而附楼(裙楼)采用小功率投光灯照明,主要表现圆柱和拱形门的建筑艺术风格。附楼采用低照度照明,使整个建筑物在夜色中看起来层次分明、立体感强,成为观赏性强的标志性建筑物。泛光照明控制线路采用定时器控制照明(如晚上 6:30 开,12 点关)。

图 2-3　泛光照明举例

布线和布灯时,应尽量隐蔽在墙角内,并且要防水、防腐蚀,安装和维护方便,兼顾外形美观,防止短路和漏电,安全第一。

图 2-4　建筑轮廓照明

2. 建筑轮廓照明

建筑轮廓照明方法很多,过去常用白炽灯、彩色串灯沿建筑轮廓进行装饰照明,但是该方法耗电量大、维修困难、色彩差,已逐渐被淘汰。现在常用霓虹灯、导光管、光导纤维、发光管及小功率彩灯管等现代新型灯具勾勒出建筑物轮廓,如图 2-4 所示。

二、广告、标志和夜景照明

1. 广告照明

(1)霓虹灯广告。

在高层建筑物的顶部,用霓虹灯装饰招牌、广告及各种宣传牌,不仅具有宣传、广告及招牌的作用,还能起到点缀市容、美化城市的作用。

(2)喷绘、布标广告。

喷绘、布标广告是在纸或布上喷绘出各种广告图案或文字,将广告图案或文字粘贴在有机帆布上,然后固定在铁架上,安装在房顶或高层建筑物上,在电子定时器的控制下,晚上定时开关照明。为了保证良好的显色性,常采用金属卤化物灯。

(3)内照式广告牌、字。

内照式广告牌、字改变了以上两种广告的不足之处,采用不锈钢薄板等做内衬,里面装设荧光灯或节能灯等灯具,外面用白、红、黄等各色的丙烯树脂板制成字和各种图案,直接安装在建筑物上。白天可直接看见字和图案,夜晚在灯光的透射下,字和图案十分显眼。

2. 标志照明

标志照明按其作用可分为场所功能标志照明和疏散诱导标志照明。

疏散诱导标志照明可分为疏散诱导(灯)标志、通路(室内、走廊、楼梯)诱导标志、其他功能诱导标志。疏散诱导(灯)标志主要针对发生火灾时,为人们指示由室内直接通向室外的疏散通道出入口（安全通道）。

3. 夜景照明

为了使城市夜景成为有城市特色的人文景观，城市夜景照明的规划作为城市景观规划的延伸与补充，应当引起规划师、照明设计师的高度重视。

（1）广场景观照明。

广场景观照明一般由广场绿化照明、庭园和小道照明、声光电水景工程等景观照明组成。

① 绿化照明（植物照明）如图 2-5 所示。

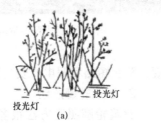 

图 2-5　绿化照明

② 庭园和小道照明常采用庭园灯、草坪灯、地灯、泛光灯照明，通过灯具的合理布置，充分运用电光源的特性，以及控制灯光角度和照射范围，使广场内的树木、花草、建筑、巨石、小道、雕塑等景物在灯光的照射下鲜明突出，营造出一种宁静优雅的环境。

③ 声光电水景工程是广场景观的重点，通常由音乐、喷泉、灯光等几部分组成，其控制电路，如图 2-6 所示。

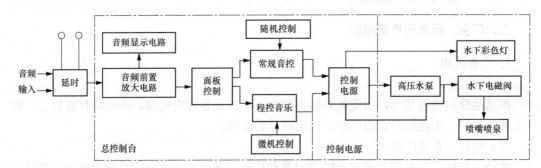

图 2-6　声光电控制电路

（2）城市夜景照明。

现代化的城市需要富于创意和想象力的夜景亮化照明，只有通过不断探索，针对不同的环境进行照明创新，才能使城市的道路照明、建筑照明和绿化照明在夜晚亮起来、美起来，如图 2-7 所示。

图 2-7　上海浦东新区亮化工程

三、室外照明防护措施

1. 防意外触电

应确保夜景照明装置和设备的危险带电部分是不能被触及的，而可触及的导电部分应对人不构成危险。

2. 间接接触防护

间接接触防护措施包括供配电系统接地、照明供电的必要切断、等电位连接、电气分隔等。

3. 防尘防水

对照明灯具的防护等级 IP 值的要求：室外安装的灯具不应低于 IP55，在有遮挡的棚或檐下灯具可选用 IP54，埋地灯具不应低于 IP67，水中使用的灯具应为 IP68。

4. 防雷击

建筑物屋顶景观照明设施的金属体应与建筑物屋顶避雷带可靠连接。

5. 抗震抗风

设施安装牢固，防坠落。建筑物入口上方灯具应有防灯罩、灯管坠落措施；桥体上灯具应注意设置位置，避免机动车意外撞击事故和防震；地震与风灾多发地区景观照明设施安装应采取加强措施。

6. 防火、防烫伤

安装于易燃建筑材料表面的灯，应选用阻燃隔热型灯具；在古建筑和有防火要求的场所，其景观照明配电应符合防火要求，管线敷设应采取电缆防火与阻止延燃的防火措施。公众可接触的照明设备表面温度高于 60℃时应采取隔热保护措施。

7. 防干扰交通

夜景照明不应干扰交通信号、通信设备的正常使用，不应妨碍交通安全。立交桥、过街桥上不宜采用动态照明，城市机动车道两侧不应大量、连续地采用色彩变化、多光源的装饰灯。

四、线管配线

线管布线有明装式和暗装式两种。明装式要求横平竖直、整齐美观，暗装式要求线管短、弯头少。

1. 线管配线方法

（1）线管的选择。

常用的线管有电线管、水管或煤气管、硬塑料管（图 2-8）三种。

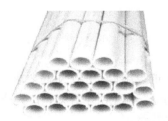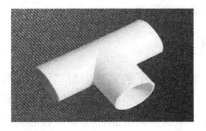

图 2-8　常用线管

为便于穿线，在下列情况下须装设拉线盒：在无弯头或只有一个弯头，管子全长超过50m时，应当有两个弯头；管子全长超过40m时，应当有三个弯头。否则，应选大一级的管径。

（2）锯管套螺纹。

为使管子与管子或管子与接线盒之间连接起来，须在管子端部进行套螺纹。水管或煤气管套螺纹，可用管子绞板；电线管和硬塑料管套螺纹，可用圆丝板。套螺纹时用力要均匀。套螺纹后，随即清扫管口，去除毛刺，管口保持光滑，以免割破导线的绝缘层。

（3）弯管。

为便于穿线，尽量减少弯头，弯曲角度一般要在90°以上，其弯曲半径应符合规定，明装管至少应等于管子直径，暗装管至少应等于管子直径的10倍。

电线管的弯曲可使用手动或电动弯管机，电动弯管机和数控弯管机的外形如图 2-9 和图 2-10 所示。

图 2-9　电动弯管机

图 2-10　数控弯管机

（4）布管。

布管工作一般从配电箱开始，逐段布至用电设备处，有时也可从用电设备处开始逐段布至配电箱处。

2. 线管配线的注意事项

微课扫一扫

弯管器在 PVC 线管煨弯中的应用

（1）线管内线不准有接头，也不准穿入绝缘破损后经过包缠恢复绝缘的导线。

（2）管内导线一般不得超过 10 根，不同电压或不同电度表的导线不得穿在同一根线管内。但一台电动机包括控制和信号回路的所有导线及同一台设备的多台电动机的线路，允许穿在同一根线管内。

（3）除直流回路导线和接地线外，不得在钢管内穿单根导线。

（4）在混凝土内敷设的线管，必须使用壁厚为 3mm 的电线管。当电线管的外径超过混凝土厚度的 1/3 时，不准将电线管埋在混凝土内，以免影响混凝土的强度。

项目实施 ||||

随着人们生活水平的提高，对室外活动场所的设施也提出了更高要求，特别是室外照明领域，如广场照明、建筑照明、城市夜景照明等，根据所掌握知识，完成下述任务：

（1）合理布局实训板面，安装节日彩灯控制线路。

（2）合理布局实训板面，安装高压钠灯控制线路。

【项目资源】

项目资源见表 2-1。

表 2-1　项目资源

教 学 资 源	资源使用情况
电工工具（验电笔、卷尺、一字改锥、十字改锥、电工刀、剥线钳、尖嘴钳）	1 套/2 人
测试仪表（钳形电流表、万用表）	1 套/2 人
照明灯具、控制开关、PVC 线管	1 套/2 人
不同型号导线（2.5mm²、4 mm²）	若干
电气照明实训台	1 台/2 人

知识拓展

一、熔断器

熔断器俗称保险，是低压配电系统的保护装置，当线路过载或短路时，熔断器的熔体自身熔化，分断线路，保护配电线路与用电器的安全。最常见的熔断器有瓷插式、螺旋式、管式、快速熔断器和自复式熔断器。

1. 瓷插式熔断器

（1）结构用途。

RCIA 系列瓷插式熔断器的额定电压在 380V 以下，额定电流为 5～200A，主要用于照明、小容量电动机的配电线路。其外形、结构如图 2-11 所示。

（2）使用操作。

① 更换熔体时，要切断电源后再操作。

② 应更换相同规格的熔体，切勿随意改变熔体的规格。

③ 更换新的熔体时，要将熔体的端头弯成鱼眼压接在垫片下，熔体既要压紧，又不受损。

图 2-11　瓷插式熔断器

2. 螺旋式熔断器

（1）结构用途。

RL1 系列螺旋式熔断器适用于交流 50～60Hz、电压 500V 以下、电流 200A 以下的动力配电的过载与断路保护。其构造如图 2-12 所示。

2. 使用操作

① 熔断器观察窗内的标志色点脱落，表示熔体熔断。

② 更换同规格的熔体。

3. 管式熔断器

（1）结构用途。

图 2-12　螺旋式熔断器

管式熔断器分有填料和无填料两种。RM10 型管式熔断器为无填料熔断器，用于交流 380V 以下、直流 440V 以下，600A 以下的大电流线路的过载、

图 2-13　管式熔断器

短路保护。其结构如图 2-13 所示。有填料管式熔断器的 RSO 系列为快速熔断器，其熔断速度小于 5ms，可用于硅元件及晶闸管的工作电路的保护。

（2）使用操作。

① 熔断器上标志色点脱落表示熔体（片）熔断。

② 维修熔体两端的触刀，烧蚀严重的更换同规格的熔片。

③ 快速熔断器的熔体不能用普通熔体代替，因普通熔体不具备快速熔断的特性，不能有效地保护元器件。

4. 自复式熔断器

（1）自复式熔断器是用新型的 PTC 陶瓷材料（主要成分为高分子聚合物与导电材料），使用新工艺生产的新产品，其外形如图 2-14 所示。高分子聚合物将导电材料紧密束缚在晶状结构内，形成阻抗很低的链键连接状态，当线路过载或短路时，自复式熔断器受热迅速膨胀，导电材料的链键因膨胀而断裂，断裂状态的链键的阻抗迅速升高而呈阻断状态，当线路故障排除之后，链键自动恢复到正常工作状态，不用更换熔断器，这一点弥补了传统熔断器使用烦琐的缺点。和传统熔断器相比，自复式熔断器具有以下特点：

图 2-14　自复式熔断器

① 不用人工干预，自动恢复。

② 对过电流反应快，耐冲击力强。

③ 性能稳定，使用寿命长。

④ 体积小，可根据使用需要加工成不同形状和规格。

⑤ 最大电流可达几十安培。

（2）自复式熔断器广泛用于电子仪表、家电、音响、自动控制、电动工具、通信设备。计算机等领域。

二、自动开关

图 2-15　自动开关

自动开关又称空气开关、低压断路器，如图 2-15 所示。其工作原理是：当线路发生短路或产生严重过载电流时，短路电流超过瞬时脱扣整定电流值，电磁脱扣器产生足够大的吸力，将衔铁吸合并撞击杠杆，使搭钩绕转轴座向上转动与锁扣脱开，锁扣在反力弹簧的作用下将三副主触头分断，切断电源。当线路发生一般性过载时，过载电流虽不能使电磁脱扣器动作，但能使热元件产生一定热量，促使双金属片受热向上弯曲，推动杠杆使搭钩与锁扣脱开，将主触头分断，切断电源，自动切断电路。

三、漏电保护器

漏电保护器的作用是当线路漏电或有人触电时，自动切断电路，起保护作用，如图 2-16 所示。目前，家庭总开关常用的是断路器（带漏电保护的小型空气开关），刀开关配瓷插保险在家庭中已很少使用（已被淘汰）。家庭使用的断路器，常见的是 C16、C25、C32、C40、C60、C80、C100、C120 等规格，其中

图 2-16　漏电保护器

C 表示脱扣电流，即起跳电流，例如 C32 表示起跳电流为 32A，一般安装 6500W 热水器要用 C32，安装 7500W、8500W 热水器要用 C40 的断路器。

项目评价

项目评价见表 2-2。

表 2-2　项目评价表

课程名称：照明线路安装与检修					
单元二　室外照明设施安装与调试					
项目一　广告、装饰照明设施安装与调试					
工作组长		日期			
组员		班级			
序号	评价内容	学生自评 20%	工作组互评 30%	教师评价 20%	企业评价 30%	占该项目百分比
1	室外照明设施安装规程					20%
2	广告、装饰照明设施安装					40%
3	室外照明线路的控件调节					20%
4	安全文明操作					20%
占学习单元（50%）		本次成绩：			
评价细则：采用 100 分制评分，最小单位为 1 分 100～85 分：掌握室外照明设施安装规程并进行口述，能在规定时间内正确完成广告、装饰照明设施安装并进行正确调试，安装的照明设施符合相关国标或规范，操作规范，学习态度端正 84～70 分：掌握室外照明设施安装规程并进行口述，广告、装饰照明设施安装与调试超过规定时间 5 分钟，安装正确，符合相关国标或规范，实训纪律好，学习态度端正 69～60 分：掌握室外照明设施安装规程并进行口述，错误不超过 2 个；广告、装饰照明设施安装与调试超过规定时间 10 分钟，安装正确，符合相关国标或规范；实训纪律好，学习态度端正 60 分以下：掌握室外照明设施安装规程并进行口述，错误超过 2 个；在他人指导下对广告、装饰照明设施安装与调试超过规定时间 20 分钟且安装错误；实训纪律好，学习态度端正		备注： 小结（学生填写）： 优点： 不足：			

项目二

灯光球场照明设施安装与调试

目标 ||||

学习本项目后，学生应能：

➤ 按图纸要求正确接线

➤ 完成室外灯光球场照明线路接线

项目描述 ||||

对于一座现代化的体育场，不但要求建筑外形美观大方、各种体育设备齐全完善，而且要有良好的照明环境，即要有合适、均匀的照度和亮度，理想的光色，有立体感及无眩光等。除满足观众良好的视看效果外，还必须保证裁判员、运动员和比赛项目所需的照明要求，以及保证良好的电视转播效果，如图 2-1 所示。本项目主要通过识读照明施工图纸来确定某灯光球场照明使用的导线、光源、线管的种类、型号及敷设的方式，借助常用电工工具的使用，完成球场室外照明系统整体配线的选择、安装与调试。

图 2-1　灯光球场效果图

项目信息 ||||

如图 2-2 所示为学校篮球场灯具布置平面图，通过本项目的学习，完成室外篮球场夜晚照明设施安装与调试工作。

室外照明消耗大量的电能，并成为用电高峰的重要影响因素。现代照明控制技术常用控制方法有时间程序控制、光敏控制、感应控制（红外线、动静、超声、声音等）、区域场景控制、无线遥控控制、建筑智能照明控制技术（由中央控制模块、遥控模块、分控模块、功能模块四部分组成）。

一、照明控制要点

（1）根据建筑物的建筑特点、建筑功效、建筑标准、施用要求等具体情况，对照明体系进行分散、集中、手动、自动控制。

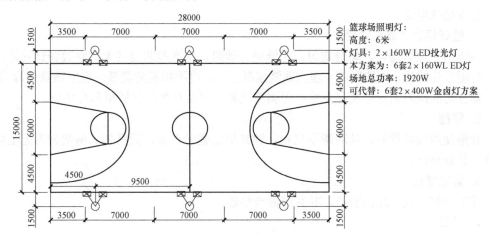

图 2-2　学校篮球场灯具布置平面图

（2）根据照明区域的灯光布置形式和环境前提选择合理的照明控制方式。

（3）功效复杂、照明要求较高的建筑物，宜采用专用的智能照明节制体系，该体系应具有相对于的自力性，宜作为 BA 体系的子体系，应与 BA 体系有接口。建筑物仅采用 BA 体系而不采用专用智能照明控制体系时，公共区域的照明宜归入 BA 体系控制规模。大中型建筑的照明，按具体前提采用集中或分散的、多功效或单一功效的自动控制体系；高级公寓、别墅宜采用智能照明控制体系。

二、室外照明配线应符合的规定

（1）每套灯具的导电部分对地绝缘电阻值大于 2MΩ。

（2）彩灯配线管路按明配管敷设，且有防雨功能。管路间、管路与灯头盒间螺纹连接可靠，金属导管及彩灯的构架、钢索等可接近裸露导体与接地（PE）或接零（PEN）连接可靠。

（3）垂直彩灯悬挂挑臂采用不小于 10# 的槽钢。端部吊挂钢索用的吊钩螺栓直径不小于 10mm，螺栓在槽钢上固定，两侧有螺帽，且加平垫及弹簧垫圈紧固。

（4）悬挂钢丝绳直径不小于 4.5mm，底把圆钢直径不小于 16mm，地锚采用架空外线用拉线盘，埋设深度大于 1.5m。

（5）垂直彩灯采用防水吊线灯头，下端灯头距离地面高于 3m。

（6）灯具的接线盒或熔断器盒，盒盖的防水密封垫完整。

（7）金属立柱及灯具可接近裸露导体与接地（PE）或接零（PEN）连接可靠。接地线单设干线，干线沿庭院灯布置位置形成环网状，且不少于两处与接地装置引出线连接。

三、室外照明配线及线管的种类

在照明电缆绝缘类型选择方面，根据《电力工程电缆设计规范》（GB 50217—2007），电缆的绝缘寿命不应小于其使用电压、工作电流及环境条件下的常规预期使用寿命。我国大部地区室外最热月的最高环境温度平均值在 20～30℃，因此室外一般场所照明电缆可选用交联聚乙烯绝缘电缆；敷设弯曲较多、有较高柔软性要求的回路，应选用橡皮绝缘电缆；

少数地区景观照明长期工作在-15℃以下的低温环境，其电缆应选用交联聚乙烯绝缘电缆、耐寒橡皮绝缘电缆。

1. 镀锌钢管（或电线管）

镀锌钢管壁厚均匀，焊缝均匀，无劈裂、砂眼、层次和凹扁现象，除镀锌钢管外，其他管材须预先除锈，刷防腐漆（埋入现浇混凝土时，可不用刷防腐漆，但应该除锈），镀锌管或刷过防腐漆的钢管外表层完整，无剥落现象，应具有产品材质单和合格证。

2. 管箍

管箍使用通丝管箍，丝清晰不乱扣，镀锌层完整无剥落，无劈裂，两端光滑无毛刺，并有产品合格证。

3. 紧锁螺母

外形完好无损，丝扣清晰，并有产品合格证。

4. 护口

护口要完整无损，并有产品合格证。

四、灯具照明控制方式

良好的照明环境不是单纯地依靠充足的光通量，还需要一定的照明质量，内容包括：合适的照度、照明的均匀度、合适的亮度分布、光源的显色性、照度的稳定性、限制眩光、消除频闪效应等，这些都与照明灯具的控制方式息息相关。

1. 不同类型灯具的照明控制方式

（1）直接照明，具有强烈的明暗对比，并可形成有趣生动的阴影，由于其光线直射于目的物，如不用反射灯泡，要产生强的眩光，如图2-3（f）所示。鹅颈灯和导轨式照明属于这一类。

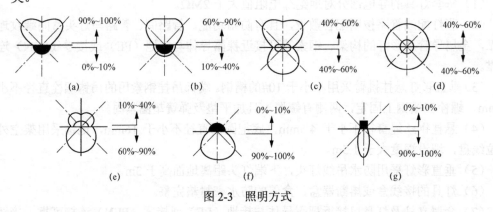

图 2-3　照明方式

（2）半直接照明，在半直接照明灯具装置中，有60%～90%的光向下直射到工作面上，而其余10%～40%的光则向上照射，由下射照明软化阴影的百分比很少，如图2-3（e）所示。

（3）漫射照明，为控制眩光，漫射装置圈要大，灯的瓦数要低，如图2-3（d）所示。

（4）半间接照明，将60%～90%的光线向天棚或墙面上部照射，把天棚作为主要反射光源，而将10%～40%的光直接照射在工作面上。从天棚反射来的光线趋向于软化阴影和改善亮度比，由于光线直接向下，照明装置的亮度和天棚亮度接近相等，如图2-3

（b）所示。

（5）直接间接照明，对地面和天棚提供近于相同的照度，即均为 40%～60%，而周围光线只有很少，这样必然直接眩光区的亮度是低的。同时具有内部和外部反射灯泡的装置，如某些台灯和落地灯能产生直接间接光和漫射光，如图 2-3（c）所示。

（6）间接照明，由于将光源遮蔽而产生间接照明，把 90%～100%的光射向顶棚、穹隆或其他表面，从这些表面再反射至室内。当间接照明紧靠顶棚，几乎可造成无阴影，是最理想的整体照明，如图 2-3（a）所示。

3. 不同距高比灯具的照明方式

距高比为 L/h。式中，L 为灯具之间的间距；h 为灯具的布置高度。

（1）特深照型。光束集中在狭小的立体角内，一般用于制造某种特殊的气氛，属于补充照明。

（2）深照型。灯具发出的光束比较集中，灯具一般安装得较高。

（3）中照型。灯具发出光束较大，一般用于面积较大的厂房。

（4）广照型。灯具能使工作面获得均匀照度，还能在较高的垂直面获得照度。

（5）特光照型。这种灯具用于道路、运动场、大厂房照明。

五、按光通量在空间分布分类

1. 按光通量在上下空间分布的比例分类

按光通量在上下空间分布的比例可分为直接灯具、半直接灯具、全漫射式灯具、间接灯具、半间接灯具等。

（1）直接灯具，光源全部直接投射到被照物体上。

（2）半直接灯具，光源 60%～90%直接投射到被照物体上，而有 10%～40%经过反射后再投射到被照物体上。

（3）全漫射式灯具，用于起居室、会议室和一些大厅、大堂照明，如典型的乳白玻璃球形灯属于全漫射式灯具的一种。

（4）半间接灯具，这类灯具上半部用透明材料制成，下半部用漫射透光材料制成。由于上半球光通量的增加，增强了室内反射光的照明效果，使光线更加均匀柔和。在使用过程中，上部很容易积灰尘，会影响灯具的效率。

（5）间接灯具，适于卧室、起居室等场所的照明。

2. 按光强分布及光束角分类

（1）直接灯具按光强分布分为：广照型、均匀配光型、配照型、深照型和特深照型。

（2）投光灯（泛光灯）按光束角的大小，将其分为六类，见表 2-3。

表 2-3　投光灯分类

序　号	光束角（°）	光 束 分 类	序　号	光束角（°）	光 束 分 类
1	10～18	特狭光束	4	46～70	中等宽光束
2	18～29	狭光束	5	70～100	宽光束
3	29～46	中等光束	6	100～130	特宽光束

项目实施 ▶▶▶

随着人们工作压力的增加，下班后很多人会选择在室外运动场所进行减压，如足球场、篮球场等。根据所掌握知识，完成下述任务：合理布局实训板面，安装室外运动场照明控制线路。

微课扫一扫

接线盒内导线连接

（"鸡爪子接"）

项目资源 ||||

项目资源见表 2-4。

表 2-4　项目资源

教 学 资 源	资源使用情况
电工工具（验电笔、卷尺、一字改锥、十字改锥、电工刀、剥线钳、尖嘴钳）	1 套/2 人
测试仪表（钳形电流表、万用表）	1 套/2 人
照明灯具、控制开关、PVC 线管	1 套/2 人
不同型号导线（2.5mm²、4mm²）	若干
电气照明实训台	1 台/2 人

知识拓展 ||||

一、碘钨灯的安装

碘钨灯的安装不需要任何附件，只要将电源引线直接接到碘钨灯的灯座上。同时，在安装时要注意以下几点。

（1）安装碘钨灯时，必须保持水平位置，水平线偏角应小于 4°，否则会破坏碘钨灯循环，缩短灯管寿命。

（2）碘钨灯发光时，灯管周围的温度很高，因此，灯管必须装在专用的隔热装置的金属灯架上，切不可安装在易燃的木制灯架上，同时，不可在灯管周围堆放物品，以免引起火灾。

（3）碘钨灯不可安装在墙上，以免因散热不畅而影响灯管的寿命。碘钨灯安装在室外时，应有防雨措施。

（4）功率在 1000W 以上的碘钨灯，不应安装一般的电灯开关，而应安装开启式负荷开关。

二、高压汞灯的安装

（1）高压汞灯功率在 125W 及以下的，应配用 E27 型瓷质灯座，功率在 175W 及以上的，应配用 FAO 型瓷质灯座。

（2）镇流器的规格必须与高压汞灯灯泡功率一致。镇流器宜安装在灯具附近，并应装在人体触及不到的位置，在镇流器接线桩上应覆盖保护物。镇流器装在室外应有防雨措施。

项目评价 ||||

项目评价见表 2-5。

表 2-5 项目评价表

课程名称：照明线路安装与检修					
单元二 室外照明设施安装与调试					
项目二 灯光球场照明设施安装与调试					
工作组长			日期		
组员			班级		
序号	评价内容	学生自评 20%	工作组互评 30%	教师评价 20%	企业评价 30%	占该项目百分比
1	室外照明设施安装规程					20%
2	灯光球场照明设施安装					40%
3	室外照明安全防护措施					20%
4	安全文明操作					20%

占学习单元（50%）	本次成绩：
评价细则：采用 100 分制评分，最小单位为 1 分 100~85 分：掌握室外照明设施安装规程并进行口述；能在规定时间内正确完成灯光球场照明设施安装并进行正确调试，安装的照明设施符合相关国标或规范；正确描述室外照明安全防护措施；操作规范，学习态度端正 84~70 分：掌握室外照明设施安装规程并进行口述；灯光球场照明设施安装与调试超过规定时间 5 分钟，安装正确，符合相关国标或规范；正确描述室外照明安全防护措施；实训纪律好，学习态度端正 69~60 分：掌握室外照明设施安装规程并进行口述，错误不超过 2 个；灯光球场照明设施安装与调试超过规定时间 10 分钟，安装正确并符合相关国标或规范；正确描述室外照明安全防护措施；实训纪律好，学习态度端正 60 分以下：掌握室外照明设施安装规程并进行口述，错误超过 2 个；在他人指导下对灯光球场照明设施安装与调试超过规定时间 20 分钟且安装错误；正确描述室外照明安全防护措施；实训纪律好，学习态度端正	备注： 小结（学生填写）： 优点： 不足：

智能照明设施安装与调试

【单元描述】

近年来随着经济的发展和科技的进步，人们对照明的要求也越来越高，单纯的手动照明控制系统已经不能够适应绿色节能环保的要求，因此在智能建筑中越来越多地使用了智能自动控制系统。自动控制照明系统引入了"绿色"照明的理念，最大限度地利用自然光源，采用定时器、照度感应和动静传感器等自动控制方式，与传统照明相比，智能照明可达到安全、节能、舒适、高效的目的，因此智能照明在家居领域、办公领域、商务领域及公共设施领域均有较好发展前景。

本单元将以小型会议室、街道智能照明系统的安装、调试为载体，严格按照工程要求完成工作任务，最终使学生了解智能照明控制方式特点、熟悉安装规范，具备从事智能照明系统的安装与调试的工作能力，为今后从事与该任务相关的工作奠定基础。

【学习目标】

+ 掌握小型会议室智能照明设施安装与调试方法
+ 掌握街道智能照明设施安装与调试方法

项目一
小型会议室灯光智能控制系统的安装与调试

【目标 学习本目标后，学生应能：】

➢ 掌握 C-Bus 软件使用及调试方法
➢ 掌握多地控制的原则
➢ 掌握人体感应器的工作原理及使用方法

【项目描述】

随着社会进步，会议室作为各个机关和企事业的重要组成部分在人们的生活中扮演着越来越重要的角色。会议室是开会的场所，那么它的环境及灯光的布置就显得尤为重要。不断进步的消费理念与物质生活需求，使得室内照明在体现美观的基础上节能也成为了人们倡导的主要方向，由此使得智能照明渐渐地进入人们的视野。如图3.1所示，本项目主要通过C-Bus智能照明控制系统，完成小型会议室一角的灯光智能控制。

图3.1　小型会议室照明效果图

【项目信息】

会议室是光环境体验中心的重要组成部分，是上级传达指示、同事交流工作、接待贵客及洽谈生意的地方。

本会议室是光环境体验中心的核心部分，其设计理念是不仅可以完成很多会议室能完成的基本会议任务，还可以作为教学系统给学生讲解灯光的详细控制方式和不同灯具带来的不同效果。在设计过程中，我们可以通过不同的灯具配合选型设置以下场景模式：准备模式、投影模式、会议模式、报告模式、休息模式、清扫模式。

在会议中，我们可以采用5种灯具，分别为荧光灯、卤素灯、射灯、壁灯、面板灯（图3.2）。因为上述灯具在前面的单元中已经学习过，在此我们不再赘述。

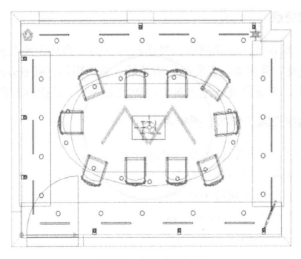

图3.2　会议室配灯图

一、C-Bus系统工作原理

C-Bus系统是一个二线制的照明管理系统，所有C-Bus单元由一对通讯信号线（UTP5）

连接成网络，每个单元均设置唯一的单元地址并用软件设置功能，通过输出单元控制各负责回路，输入地址通过群组地址和输出单元建立对应联系。当有输入时，输入单元将其转换成 C-Bus 信号在系统总线上广播，所有的输出单元接收并作出判断，控制相应输出回路。

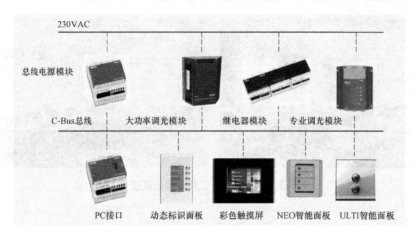

图 3.3　C-Bus 工作原理图

C-Bus 系统的控制方式是由计算机设定的，一旦系统设置完成后计算机即可撤除。C-Bus 系统的每个单元均内置微处理器，所有的参数被分散存储在各个单元中，即使系统断电也不会丢失。

二、C-Bus 应用功能

C-Bus 控制系统适应了现代照明控制的新要求，它的应用范围非常广泛，如开关、调光、场景、多点、时间、自动（红外、亮度、温度）、与其他系统集成（BA、安防、消防等）。

三、C-bus 系统特点

它是专业灯光控制系统，设计简单、灵活，具有强大的灯光场景控制功能，延长光源寿命，导轨式、模块化，易安装，五类线作为总线，施工简单，有专业级调光器，具有大功率调光器，节能，所以说该系统既是面向使用者的系统，又是面向管理者的系统。

四、C-bus 单网络正常工作的必要条件

（1）足够的弱电工作电源，但每个网络不超过 2A。

（2）每个网段元件的数量不超过 100 个。

（3）系统总线的总长度不超过 1000 米。

（4）最少有一个系统时钟（system clock）。

（5）每个网段有一个终端器（network burden）。

五、C-Bus 网络结构

C-Bus 系统网络结构如图 3.4 所示，在使用过程中，其均采用自由拓扑结构，不允许使用环形网络。

C-Bus网络采用自由拓扑结构

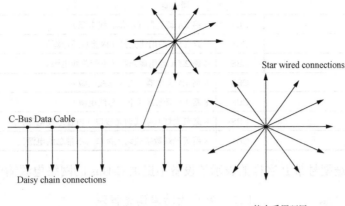

图 3.4　C-Bus 网络结构图

六、C-Bus 传输介质

C-Bus 传输使用非屏蔽双绞线，推荐采用 UTP5，即五类线，采用 568A 打线方式。C-Bus 传输用的两根线同时传送数据信号和电源。C-Bus 网络拓扑结构多种多样，可以采用自由拓扑方式、星形方式、菊花链方式及 T 型方式。推荐采用菊花链方式，禁止采用环网。

七、C-Bus 输出单元

（一）智能继电器与调光器（表 3.1）

表 3.1　智能继电器与调光器

智能继电器		
L5504RVF	CBS	4 路 10A 智能继电器（内置总线电源）
L5504RVF20	CBS	4 路 20A 智能继电器（20A/路）带电源
L5504RVF20P	CBS	4 路 20A 智能继电器（不带总线电源）
L5504RVF16	CBS	4 路 16A 智能继电器（16A/路）带电源
L5504RVF16P	CBS	4 路 16A 智能继电器（不带总线电源）
L5504RVFC	CBS	4 路转换继电器（内置总线电源）
L5504RVFCP	CBS	4 路转换继电器（不带总线电源）
L5504RVFP	CBS	4 路 10A 智能继电器（不带总线电源）
L5508RVF	CBS	8 路 10A 智能继电器（内置总线电源）
L5508RVFP	CBS	8 路 10A 智能继电器（不带总线电源）
L5512RVF	CBS	12 路 10A 智能继电器（内置总线电源）
L5512RVFP	CBS	12 路 10A 智能继电器（不带总线电源）
L5108RELVP	CBS	8 路 ELV 继电器
L5501RBCP	CBS	单路窗帘模块（不带总线电源）
调光器		
L5504AMP	CBS	4 路模拟输出模块
L5504D2A	CBS	4 路 2A 调光器（内置总线电源）

调光器		
L5504D2AP	CBS	4 路 2A 调光器（不带总线电源）
L5504D2U	CBS	4 路 2.5A 通用调光器（内置总线电源）
L5504D2UP	CBS	4 路 2.5A 通用调光器（不带总线电源）
L5508D1A	CBS	8 路 1A 调光器（内置总线电源）
L5508D1AP	CBS	8 路 1A 调光器（不带总线电源）
L5508DSI	CBS	8 路荧光灯数字式调光接口（内置总线电源）
L5508DSIP	CBS	8 路荧光灯数字式调光接口（不带总线电源）

需要注意的是型号带 P 字样的表示该设备不提供 C-Bus 的网络电源输出。

图 3.5　大功率调光模块

（二）新型大功率调光模块

大功率调光模块采用插卡模块组合技术（图 3.5），升级方便，每个回路均配 MCB 风冷，静音，可靠，支持 DMX512 协议，用户可根据光源性质选择调光曲线，采用 DSI、DALI、0～10VDC 和继电器输出，支持多种负载：20A/16A/12A/10A/5A/3A。

（三）大功率调光模块选择（表 3.2）

表 3.2　大功率调光模块

大功率调光模块		
L5112D20LP	CBS	12 路 20A 专业级调光器
L5112D16LP	CBS	12 路 16A 专业级调光器
L5106D20LP	CBS	6 路 20A 专业级调光器
L5106D10LP	CBS	6 路 10A 专业级调光器
L5106D5LP	CBS	6 路 5A 专业级调光器
L5106D3LP	CBS	6 路 3A 专业级调光器
L5103D20LP	CBS	3 路 20A 专业级调光器
L5112D10UA	CBS	12 路 10A 通用调光器
L5112D5UA	CBS	12 路 5A 通用调光器
L5106D10UA	CBS	6 路 10A 通用调光器
L5106D5UA	CBS	6 路 5A 通用调光器
L5106D10UA	CBS	3 路 10A 通用调光器
L5103D5UA	CBS	3 路 5A 通用调光器
L51CM-SLE20	CBS	20A 专业级调光卡件
L51CM-SLE16	CBS	16A 专业级调光卡件
L51CM-SLE10	CBS	10A 专业级调光卡件
L51CM-SLE5	CBS	5A 专业级调光卡件
L51CM-SLE3	CBS	3A 专业级调光卡件
L51CM-SU10	CBS	10A 通用级调光卡件
L51CM-SU5	CBS	5A 通用级调光卡件
L51CM-SB	CBS	0～10V/DSI/DALI 调光卡件

八、C-Bus 输入单元

（一）输入面板

- 按键开关、场景控制器。
- NEO、ULTI 系列面板。
- DLT 系列触摸屏。

（二）传感器

- 红外移动探测器。
- 亮度传感器。
- 温度传感器。

（三）辅助输入

- 干接点输入。
- 模拟量输入。
- 数字量输入。

（四）C-Bus 智能面板及感应器（表 3.3）

表 3.3　C-Bus 智能面板及感应器

智能面板		
5055DL	CBS	NEO 动态标识可编程控制面板（灰+银）
E5054DL GB	CBS	动态标识可编程控制面板（灰+银）
E5052NL	CBS	NEO 双联可编程控制面板（灰+银）
E5054NL	CBS	NEO 四联可编程控制面板（灰+银）
E5058NL	CBS	NEO 八联可编程控制面板（灰+银）
5085DL＞GF	CBS	ULTI 动态标识可编程控制面板（水晶玻璃）
E5084DL GF	CBS	动态标识可编程控制面板（水晶玻璃，86 型）
EA5082NL＞GF	CBS	ULTI 2 键可编程控制面板（平滑玻璃）
EA5084NL＞GF	CBS	ULTI 4 键可编程控制面板（平滑玻璃）
EA5086NL＞GF	CBS	ULTI 6 键可编程控制面板（平滑玻璃）
5030URC	CBS	通用手持红外遥控器
SC500CTL2 WE	CBS	黑白触摸屏带逻辑功能（白色塑料）
5080CTC2 GF	CBS	二代彩色触摸屏（平滑玻璃）
感应器		
5031PEWP＞GY	CBS	室外型亮度传感器（F2000 系列，IP56，防水型）
E5031PE	CBS	室内型亮度传感器（E2000 系列）
5753L	CBS	室内型 360 度° 红外传感器
E5750WPL	CBS	室外型红外传感器
E5751L	CBS	室内型 90° 红外传感器
E5031RDTSL	CBS	温度传感器（0～50℃）

1. DLT 动态标识面板的特点（图 3.6）

（1）可设置场景、调光、开关、延时等多种功能。

（2）可显示任意文字和图片。

（3）可翻 2 页，有 8 只控制按键。

（4）每个键都有蓝色背光编程设置。

（5）背光显示，亮度可调的 LCD 显示屏。

（6）时间显示。

图 3.6　DLT 动态标识面板

2. 红外探测器系列（图 3.7）

亮度传感器
建议安装高度2.0~3.2m
感应范围20~3000lux

室外红外探测器IP66
建议安装高度2.0~3.2m
18m(2.4mm)

360°红外探测器
12m×14m(2.4m)

90°红外探测器
6m×6m(2.4m)

图 3.7　红外探测器系列

3. 特殊输入类

总线耦合器 5104BCL，4 路开关量输入，外形小巧，安装灵活方便，如图 3.8 所示。

开关量输入单元，35mm 导轨，安装最大开关，线缆阻抗为 1000 欧，如图 3.9 所示。

通用输入单元，提供电压输入信号、电流输入信号、输入电阻，如图 3.10 所示。

图 3.8　总线耦合器

图 3.9　开关量输入单元

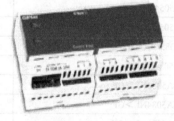

图 3.10　通用输入单元

【项目实施】

说明：以小型会议室为例，根据实际情况，完成下述任务。

合理布局实训板面，安装、调试小型会议室智能照明控制线路。

【项目资源】

项目资源见表 3.4。

表 3.4 项目资源

教学资源	资源使用情况
电工工具（验电笔、卷尺、一字改锥、十字改锥、电工刀、剥线钳、尖嘴钳）	1 套/2 人
测试仪表（钳形电流表、万用表）	1 套/2 人
照明灯具、智能面板、C-Bus 控制软件	1 套/2 人
不同型号导线（2.5mm²、4mm²）	若干
电气智能照明实训台	1 台/2 人

【知识拓展】

目前，设计师在设计照明系统时一般仍然沿用传统的方法设计，比较先进的就是在某些照明回路中串联由楼宇自控（BA）系统控制的触点，通过控制这些触点可以实现区域控制、定时开关、中央监控等功能，但是这种控制方法具有一定的局限性：考虑造价因素，这些回路的数量一般很少，一般只有大面积区域控制，若将回路划分得较细则造价昂贵。

现场通常不设置开关，所有照明回路通过 BA 中控室控制，现场无法根据实际情况干预照明状态，使用不便。控制功能简单，只能实现定时、开关的功能，若要实现场景预设、亮度调节，软启动、软关断等复杂的功能实现难度较大。由于照明系统并不是一个独立的系统，所以，在 BA 系统出现故障时，照明系统同样受到影响。

C-Bus 系统则是一个专门针对照明需要开发的智能化系统，可以独立运行。它有一套独立的控制协议，相对 BA 系统来说比较简单，完全满足对照明控制的需求，而且造价相对 BA 控制便宜。采用专业的照明控制系统，既可以降低造价，又可以实现更加完美的智能照明控制，同时还可以保护灯具，节约能源，降低运行费用。

控制回路与负载回路分离，输入输出单元仅用一根五类线作为总线相连，并且在网络中可以随时随地添加新的控制单元，控制面板的工作电压为安全电压 DC36V，确保人身安全。

该系统具有分布式智能控制特点和开发性，可以和其他建筑管理系统（BMS）、楼宇自控系统（BA）、安保及消防系统结合起来，提高物业管理智能化水平，符合现代生活的发展趋势。

【项目评价】

项目评价见表 3.5。

表 3.5 项目评价表

课程名称：照明线路安装与检修						
学习单元三：智能照明设施安装与调试						
项目一：小型会议室灯光智能控制系统的安装与调试						
工作组长			日期			
组员			班级			
序号	评价内容	学生自评 20%	工作组互评 30%	教师评价 20%	企业评价 30%	占该项目百分比
1	小型会议室照明设施安装					30%
2	C-Bus 软件调试					30%

续表

3	人体感应器的工作原理及使用方法						20%
4	安全文明操作						20%
占学习单元（50%）		本次成绩：					

评价细则：采用 100 分制评分，最小单位为 1 分	备注：
100～85 分：能在规定时间内正确完成小型会议室照明设施安装并进行 C-Bus 软件调试，安装的照明设施符合相关国标或规范；能口述人体感应器的工作原理；操作规范，学习态度端正 84～70 分：小型会议室照明设施安装及 C-Bus 软件调试过程超过规定时间 5 分钟，安装正确并符合相关国标或规范；能口述人体感应器的工作原理；实训纪律好，学习态度端正 69～60 分：小型会议室照明设施安装及 C-Bus 软件调试过程超过规定时间 10 分钟，安装正确并符合相关国标或规范；口述人体感应器的工作原理错误超过 2 个；实训纪律好，学习态度端正 60 分以下：在他人指导下能完成小型会议室照明设施安装及 C-Bus 软件调试过程，超过规定时间 20 分钟，安装正确并符合相关国标或规范；口述人体感应器的工作原理错误超过 2 个；实训纪律好，学习态度端正	小结（学生填写）： 优点： 不足：

项目二

街道照明智能控制系统的安装与调式

【目标　学习本项目后，学生应能：】

➢ 掌握 KNX 软件使用及调试方法
➢ 掌握光感器的工作原理及使用方法
➢ 掌握定时器的工作原理及控制方法

【项目描述】

　　所谓智能控制型路灯，就是运用先进的通讯手段、计算机网络技术、自动控制技术、新型传感技术与自动检测技术等构成的无线监控系统，快速准确地对道路照明、城市灯饰工程、广场照明、桥梁和隧道照明等系统进行智能监控，实现对远程路灯和电源实施遥控、遥测、遥监、遥视、遥信等功能，便于了解路灯运行状况，以及它的维修和保养，能提高路灯运行质量和效率。如图 3.11 所示，本项目主要通过 KNX 智能控制系统，借助光感器、人体感应器及定时器，完成街道照明智能控制系统。

图 3.11　街道照明效果图

【项目信息】

一、什么是 KNX

KNX 是国际标准，如图 3.12 所示，它是总线控制系统，它集成了楼宇、家居控制的各项功能，具有灵活、安全、舒适、节能的特点，将设备的电源供应与通讯分开，只有一根通讯总线用于所有信息的传递，所有的功能实现通过编程确定，输入与输出设备之间的逻辑连接替代了原有的物理线路连接，改变控制功能无须修改物理安装线路，一个设备可以完成多种控制功能，非常方便进行各种功能之间的复杂集成。

图 3.12　KNX 示意图

二、KNX 连接（图 3.13）

优点：采用总线系统，标准、灵活设计，具有多制造商的选择性，自动管理，舒适化的控制还带来了最高 50% 的节能效果。

KNX 采用一条总线，自由拓扑结构（链型、星形、树形，不能是环形），最多 64 总线设备，最多 1000 米总线距离，系统电源到设备最远距离为 350 米，两个系统电源之间的最小距离为 200 米。

三、KNX 总线传输与安装

数据传输与系统电源通过两根双绞线传输（红色线、黑色线）

剩余的线对（黄色线、白色线）作为额外的电源传输线，或者作为红黑 KNX 线对的备用线。

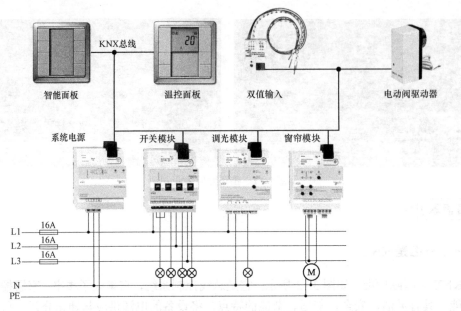

图 3.13　KNX 连接示意图

可以与 230/400V 强电线缆一起安装，建议使用通过 KNX 认证的总线线缆进行系统安装，超低压系统允许 KNX 系统靠近强电系统安装，系统允许总线线缆与强电线缆可以在 19mm 的管道内一起安装。如果可以保证强电与总线线缆的安全距离，总线线缆与强电线缆可以安装在同一个底盒里。

（一）总线连接端子

1. 红黑端子

提供的总线设备上含有红黑端子（图 3.14），可以在不切断总线电缆的情况下断开设备的 KNX 连接，每个端子具有 4 对端子连接孔，可以设置在过路盒中，用于分线。

2. 黄白端子

黄白端子用于 KNX 剩余线对的连接，每个端子具有 4 对端子连接孔（图 3.15）。

图 3.14　红黑端子

图 3.15　黄白端子

（二）系统访问与数据交换

KNX 是一个分布式、事件控制的总线系统，没有中央处理单元，在没有信号触发或改变时总线是空闲的，所有连接到总线上的设备可以相互交换数据信息，信号打包后通过总线进行传输。例如，信号从一个感应器（指令发出者）传递到一个或多个执行器（指令接收者）。CSMA/CA 用于总线访问与电报冲突处理，传输速率为 9600 bit/s，每个信号的平均传输与确认时间大约为 25ms。

（三）实际案例：总线物理连接（图 3.16）

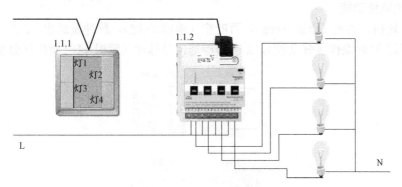

图 3.16　KNX 连接案例

四、KNX 逻辑模块（图 3.17）

（一）功能块

（1）40 个功能区块、10x 逻辑功能、 时间延迟及信号过滤功能、8x 数值转换功能、12x 多路计算功能。

（2）每个区块：逻辑门控制功能、系统复位后的状态，可以实现功能块之间的内部联系。

（3）附加功能：3 个手动按钮，控制逻辑启用/停用，3 个 LED 指示灯指示逻辑状态。

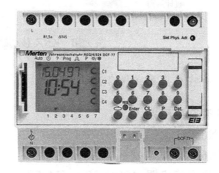

图 3.17　KNX 逻辑模块　　　　图 3.18　KNX 定时器

（二）定时器（图 3.18）

（1）MTN677129：4 通道年定时器。

（2）MTN668092：4 通道年定时器存储卡。

（3）MTN615034：4 通道年定时器存储卡编程软件。

（三）KNX 智能面板（图 3.19）

1. 辅助按钮

智能面板都具有辅助按钮，位于标签区域的最下方。与其他的按键一样，可以实现多种控制功能，但是没有按键的状态指示灯。

2. KNX 软件功能

开关，转换，调光（单键/双键），百叶帘（单键/双键），脉冲发送出 1、2、4 或 8 位控制信号（瞬时/延时操作区分功能），2 字节控制信号脉冲（瞬时/延时操作区分功能）。

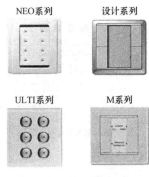

NEO系列　　设计系列

ULTI系列　　M系列

图 3.19　KNX 智能面板

（四）KNX 移动感应器（图 3.20）

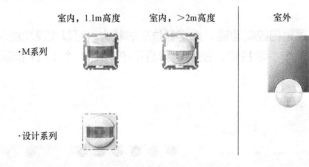

室内，1.1m高度　　室内，>2m高度　　室外

·M系列

·设计系列

图 3.20　KNX 移动感应器

（五）KNX 存在感应器（图 3.21）

1. ARGUS 存在感应器
纯白：MTN630819
银灰：MTN630860

2. ARGUS 存在感应器 180/2.20m（M 系列）
纯白：MTN630419
银灰：MTN630660

3. ARGUS 存在感应器带恒照度控制及红外接收功能
纯白：MTN630919
银灰：MTN630960

图 3.21　KNX 存在感应器

（六）KNX 调光模块

通用调光器如图 3.22 所示，单相供电 230V。通用调光器多相供电如图 3.23 所示。0～10V 荧光灯调光模块如图 3.24 所示。

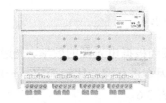

图 3.22　通用调光器　　　图 3.23　通用调光器多相供电　　　图 3.24　0～10V 荧光灯调光模块

五、街道照明

（一）道路照明设计的一般要求

（1）根据具体道路在城市中的作用，选用与环境相协调的电光源和灯具，如城市主干道、次干道、街道、生活区道路、商业区道路等。

（2）根据道路的状况（包括路面宽度、路面材料、中央隔离带宽度）确定照明设计标准，如照度、照度均匀度、亮度及亮度均匀度等。

（3）选择合适的布灯方式。确定灯杆的间距、高度、挑臂长度、灯具倾斜角度等。

（二）道路照明的质量指标

（1）路面平均亮度：在设计道路照明时，可使用平均亮度和亮度均匀度作为评价道路照明的指标，也可以使用平均照度和照度均匀度作为评价道路照明的指标。

（2）道路照明纵向均匀度：在观察者的位置，平行于道路轴线的前方路面最小亮度与路面最大亮度的比值。一般建议主要道路的纵向均匀度最小值为 0.7 左右，以保证足够的视觉舒适水平。

（3）眩光的控制：道路照明的眩光主要有失能眩光和不舒适眩光两种。眩光控制等级如图 3.25 所示。

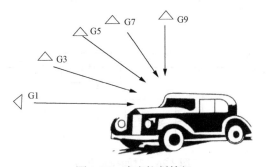

图 3.25　眩光控制等级

说明：图中，G1 表示无法忍受的眩光，G3 表示有干扰的眩光，G5 表示刚好容许的眩光，G7 表示能令人满意的眩光，G9 表示几乎感觉不到的眩光。

（4）路面的诱导：路面的诱导可分为视觉诱导和光学诱导。

路面的诱导有下列几种方法：

① 改变道路照明系统。

② 改变光源颜色。

③ 改变灯具的布置方式。

（三）道路照明光源和灯具的要求

（1）选择道路照明的电光源，应当根据电光源的效率、光通量、寿命、光色和显色性、控制配光的难易程度及使用环境等因素进行综合比较而定。一般尽量选用钠灯和金属卤化物灯。常用的照明光源适用范围见表 3.6。

表 3.6　道路照明常用的电光源种类

照明种类	光源种类	适用场所
道路照明	低压钠灯、高压钠灯、金属卤化物灯	市郊区道路、一般街道繁华街道
隧道照明	高压钠灯、高压汞灯、低压钠灯、荧光灯	出入口照明、隧道照明
广场照明	高压钠灯、金属卤化物灯、氙灯	一般广场、大型广场

（2）选择道路照明灯具时，必须防水、防风雪、耐腐蚀、安装和维护方便、兼顾外形美观，并根据使用场所和路边周围的条件、路面亮度的均匀度及眩光的限制等条件来确定。

（四）道路照明设计

（1）根据光源、灯具的配光特性、电气特性等初步选择光源和灯具。

（2）进行平均亮度（或照度）、亮度（或照度）均匀度及眩光限制等计算。

（3）将计算的结果与要求的标准值进行比较。

（4）对这几种设计方案进行技术经济和能耗的综合分析比较，并适当考虑当地的习惯、爱好，最终确定一种最佳设计方案。

（五）常用控制方法

（1）定时控制。时间控制电路一般由电源开关、定时开关和接触器等组成，如图 3.26 所示。

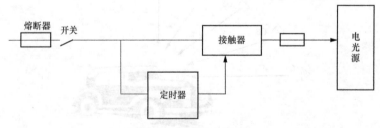

图 3.26　时间控制电路

（2）光电控制。光电检测元件（硅光电池）将光的强弱变化转变为电信号的变化。

（3）光电控制与定时控制的结合。光电、时间控制电路是由光电传感器、时间控制电路、接触器及开关控制电路等组成，如图 3.27 所示。

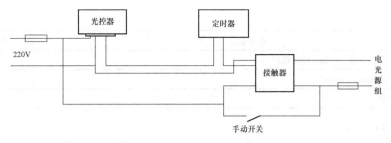

图 3.27　光电、时间控制电路

（4）智能控制系统。智能控制系统综合了电子测控、远程通讯、计算机网络管理等控制技术，采用分布式网络结构，如图 3.28 所示。

前端控制部分由 CPU、通讯模块、存储模块、保护模块、测量模块、输出模块等组成。

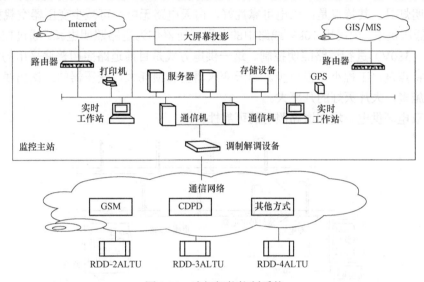

图 3.28　路灯智能控制系统

【项目实施】▊▊▊

说明：在日常生活、工作中，室外道路照明是必不可少的，根据所掌握知识，完成下述任务：

（1）拍摄道路照明照片（不同场景），上传学习平台分享。

（2）用所学知识完成街道照明智能控制设备安装与调试。

【项目资源】▊▊▊

项目资源见表 3.7。

表 3.7　项目资源

教学资源	资源使用情况
电工工具（验电笔、卷尺、一字改锥、十字改锥、电工刀、剥线钳、尖嘴钳）	1 套/2 人
测试仪表（钳形电流表、万用表）	1 套/2 人

教学资源	资源使用情况
街道照明灯具、智能面板、C-Bus 控制软件	1 套/2 人
不同型号导线（2.5mm²、4mm²）	若干
电气智能照明实训台	1 台/2 人

【知识拓展】

一、道路照明供电方式

道路照明供电线路如图 3.29 所示。

（1）高压供电。由变电所送出 10kV 线路专供道路照明用电，并由专用变压器降压分段供电给照明灯具。其特点是：供电可靠性好，白天电路无电，可减少变压器空载损失。

（2）低压供电。由民用 10kV 线路中的公用变压器作为道路照明电源。通过控制线对路灯控制箱（380V）进行道路照明控制。这一供电方式是目前道路照明普遍采用的主要供电方式，其特点是：工程小，投资少。白天变压器空载损耗大，变压器的二次出线端控制箱等附属设施多，大片灭灯的几率大。

（3）双电源供电。增加道路照明的可靠性。

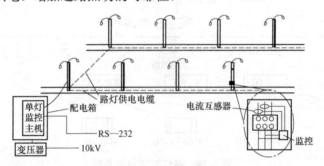

图 3.29　道路照明供电线路

二、供电运行控制方式

并联运行控制（又称控制线控制）：各供电变压器和开关控制设备采用并联控制。优点是任何一个供电电源发生故障时，不会影响其他区段照明。该控制线路控制的负荷小，路灯照明开、关同时性好，如图 3.30 所示。

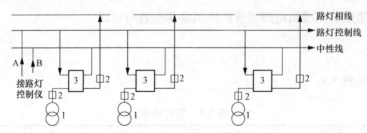

图 3.30　并联控制电路（1—路灯变压器　2—熔断器　3—开关）

串联运行控制（又称末端顶控制）：各供电变压器和开关控制设备采用串联运行控制。

串联控制的缺点是任何一个供电电源发生故障，其后面的路灯均失去控制，灭灯范围大，如图 3.31 所示。

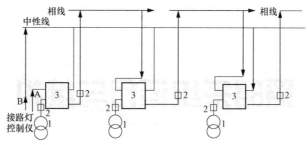

图 3.31 串联控制电路（1—路灯变压器 2—熔断器 3—开关）

【项目评价】

项目评价见表 3.8。

表 3.8 项目评价表

课程名称：照明线路安装与检修						
学习单元三：智能照明设施安装与调试						
项目二：街道照明智能控制系统的安装与调试						
工作组长			日期			
组员			班级			
序号	评价内容		学生自评 20%	工作组互评 30%	教师评价 20%	企业评价 30%	占该项目百分比
1	街道照明设施安装						30%
2	KNX 软件调试						30%
3	光感器的工作原理及使用方法						20%
4	安全文明操作						20%
占学习单元（50%）					本次成绩：	

评价细则：采用 100 分制评分，最小单位是 1 分

100～85 分：能在规定时间内正确完成街道照明设施安装并进行 KNX 软件调试，安装的照明设施符合相关国标或规范；能口述光感器的工作原理；操作规范，学习态度端正

84～70 分：街道照明设施安装及 KNX 软件调试过程超过规定时间 5 分钟，安装正确并符合相关国标或规范；能口述光感器的工作原理；实训纪律好，学习态度端正

69～60 分：街道照明设施安装及 KNX 软件调试过程超过规定时间 10 分钟，安装正确并符合相关国标或规范；口述光感器的工作原理错误超过 2 个；实训纪律好，学习态度端正

60 分以下：在他人指导下能完成街道照明设施安装及 KNX 软件调试过程，超过规定时间 20 分钟，安装正确并符合相关国标或规范；口述光感器的工作原理错误超过 2 个；实训纪律好，学习态度端正

备注：

小结（学生填写）：

优点：

不足：

照明系统运行与维护

　　在照明系统维护中，技术人员应该熟练掌握照明系统值机监控操作软件，及时了解照明线路运行情况，并能根据控制台指示标志判断照明系统是否正常工作，能对故障照明系统进行控制等。然后根据监控情况，了解照明系统常见故障原因及故障排除方法，从而掌握照明系统日常巡视维护周期、项目及内容，做到能正确规范地对照明系统进行维护。

　　本单元以照明系统运行、照明系统维护两个任务为载体，借助照明运行控制系统，主要以照明系统的值机监控为切入点，通过使用电工工具、电工安全用具及测试仪表，完成对照明系统的日常维护工作。

学习目标 ‖‖‖

- 能在控制软件中对照明线路（时段、区域、照度）根据要求进行设定、调整
- 了解照明系统常见故障原因及排除方法
- 掌握照明线路日常巡视维护周期、项目及内容

照明系统运行

目标　学习本项目后，学生应能 ‖‖‖

- 知道照明自控范围、种类
- 掌握照明自控系统运行监控内容

【项目描述】 ‖‖‖

　　本项目将通过完成照明系统值机监控工作，如图 4.1 所示，指导学生通过运行监控系统对整个线路根据实际环境进行设定、调整、监控、记录，及时掌握线路运行情况，完成对线路运行安全起到保障的工作。

图 4.1　照明运行监控系统

【项目信息】

照明系统监控原则是安全、可靠、灵活、经济。安全是基本要求；灵活指建筑空间布局经常变化，照明监控要适应和满足这种变化；经济指性价比好，要考虑投资效益；越简单，越可靠。

一、照明监控系统的优越性

（一）达到良好的节能效果，延长灯具寿命

节能是照明控制系统的最大优势。传统的公共区域照明工作模式只能是白天开灯，晚上关灯。而采用了智能照明控制系统后，可以根据不同场合、不同的人流量，进行时间段、工作模式的细分，把不必要的照明关掉，在需要时自动开启。同时，系统还能充分利用自然光，自动调节室内照度。控制系统实现了不同工作场合的多种照明工作模式，在保证必要照明的同时，有效减少了灯具的工作时间，节省了不必要的能源开支，也延长了灯具的寿命。

（二）改善工作环境，提高工作效率

良好的工作环境是提高工作效率的一个必要条件。合理地选用光源、灯具及性能优越的照明控制系统，都能提高照明质量。智能照明控制系统具有开关和调光两种控制方法，可以有效地控制各种照明场所的平均照度值，从而提高照度均匀性。同时，系统能根据不同的时间段、人们的不同需要，自动调节照度。

（三）实现多种照明效果

多种照明控制方式可以使同一建筑物具备多种艺术效果，为建筑增色不少。现代建筑物中，照明不单纯地为满足人们视觉上的明暗效果，更应具备多种控制方案，使建筑物更加生动，艺术性更强，给人丰富的视觉效果和美感。一栋建筑物中，室外景观照明、泛光照明可以预设为四季变化、周末节假日场景、大型庆典场景；会客厅、会议室等可以预设会议、投影、会间休息等不同场景。在传统的人工控制方式下，难以实现如此多样的照明效果。

（四）提高管理水平

智能照明控制系统是以自动控制为主、人工控制为辅的系统。在一般的情况下，不需

要人的参与，照明系统自动实现开关和调光功能。既大大减少了管理人员的数量，也避免了由于人为因素而出现的不定时开关，影响正常生活秩序的情况出现。

（五）管理维护方便

照明监控系统对照明的控制以模块式的自动控制为主，手动控制为辅，照明预置场景的参数以数字式存储在可擦除可编程 ROM 中，这些信息的设置和更换十分方便，加上灯具寿命的大大提高，使照明管理和设备维护变得更加简单。

二、照明控制系统功能

智能控制系统采用了分布式、集散型方式，即各个控制子系统相对独立，自成一体，实施具体的控制，照明管理信息系统对各控制子系统只起一个信号收集和监测的作用。

目前，照明控制系统按网络的拓扑结构分，大致有两种形式，即总线型和以星形结构为主的混合式。

（1）总线型灵活性较强，易于扩充，控制相对独立，成本较低。

（2）混合式可靠性较高，故障的诊断和排除简单，存取协议简单，传输速率较高。

三、照明控制系统性能

（1）以单回路的照明控制为基本性能，不同地方的控制终端均可控制同一单元的灯。

（2）单个开关可同时控制多路照明回路的亮灯、熄灯、调光状态，并根据设定的场面选择相应开关。

（3）根据工作（作息）时间的前后、休息、打扫等时间段，执行按时间程序的照明控制，还可设定日间、周间、月间、年间的时间程序来控制照明。

（4）适当的照度控制。

① 照明器具的使用寿命随着灯的亮度提高而下降，照度随器具污染逐步降低。

② 在设计照明照度时，应预先估计出保养率；新器具开始使用时，其亮度会高出设计照度的 20%～30%，通过减光调节到设计照度。

③ 随着使用时间进行调光，使其维持在设计的照度水平，以达到节电的目的。

（5）利用昼光的窗际照明控制。

充分利用来自门窗的自然光（太阳光）来节约人工照明，根据日光的强弱进行连续多段调光控制，一般使用电子调光器可采用 0～100% 或 25%～100% 两种方式的调光，预先在操作盘内记忆检知的昼光量，根据记忆的数据进行相适应的调光控制。

（6）人体传感器的控制。

厕所、电话亭等小的空间，不特定的短期间利用的区域，配有人体传感器，检知人的有无，自动控制灯的通、断，避免了因忘记关灯造成的浪费。

（7）路灯控制。

对一般的智能建筑，有一定的绿化空间，草坪、道路的照明均要定点、定时控制。

（8）泛光照明控制。

① 智能建筑是城市的标志性建筑，晚间艺术照明会给城市增添几分亮丽。

② 考虑节能，在时间、亮度变化上进行控制。

四、照明控制系统的主要控制内容

（一）时钟控制

通过时钟管理器等电气元件，实现对各区域内用于正常工作状态的照明灯具在时间上的不同控制。

（二）照度自动调节控制

通过每个调光模块和照度动态检测器等电气元件，实现在正常状态下对各区域内用于正常工作状态的照明灯具的自动调光控制，使该区域内的照度不会随日照等外界因素的变化而改变，始终维护在照度预设值左右。

（三）区域场景控制

通过每个调光模块和控制面板等电气元件，实现在正常状态下对各区域内用于正常工作状态照明灯具的场景切换控制。

（四）动静探测控制

通过每个调光模块和动静探测器等电气元件，实现在正常状态下对各区域内用于正常工作状态的照明灯具的自动开关控制。

（五）应急状态减量控制

通过每个对正常照明控制的调光模块等电气元件，实现在应急状态下对各区域内用于正常工作状态的照明灯具的减免数量和放弃调光等控制。

（六）手动遥控器

通过红外线遥控器，实现在正常状态下对各区域内用于正常工作状态的照明灯具的手动控制和区域场景控制。

（七）应急照明的控制

这里的控制主要是指智能照明控制系统对特殊区域内的应急照明所执行的控制，包含以下两项控制：

（1）正常状态下的自动调节照度和区域场景控制，与调节正常工作照明灯具的控制方式相同。

（2）应急状态下的自动解除调光控制，实现在应急状态下对各区域内用于应急工作状态的照明灯具放弃调光等控制，使处于事故状态的应急照明达到100％。

照明控制箱接线示意图如图4.2所示。

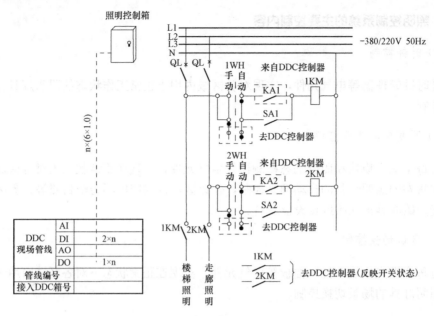

图 4.2　照明控制箱接线示意图

五、办公室照明系统监控

（1）办公室照明的一个显著特点是白天工作时间长，因此，办公室照明要把自然光和人工照明协调配合起来，达到节约电能的目的。

（2）当自然光较弱时，根据照度监测信号或预先设定的时间调节，增强人工光的强度。

（3）当自然光较强时，减少人工光的强度，使自然光线与人工光线始终动态地补偿。

（4）照明调光系统通常由调光模块和控制模块组成。调光模块安装在配电箱附近，控制模块安装在便于操作的地方，如图 4.3 所示。

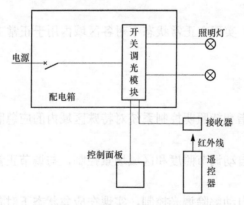

图 4.3　照明自动控制系统

六、楼梯、走廊等照明监控

（1）楼梯、走廊等照明监控以节约电能为原则，防止长明灯，在下班以后，一般走廊、楼梯照明灯及时关闭。

（2）照明系统的 DDC 监控装置依据预先设定的时间程序自动地切断或打开照明配电

盘中相应的开关。

七、障碍照明监控

高空障碍灯的装设应根据该地区航空部的要求来决定，一般装设在建筑物或构筑物凸起的顶端，采用单独的供电回路，同时还要设置备用电源，利用光电感应器件通过障碍灯控制器自动控制障碍灯的开启和关闭，并设置开关状态显示与故障报警。

【项目实施】

说明：照明系统值机监控在整个照明线路中是关键且重要的一环，它要求技术人员要有高度的责任意识和细心、踏实的工作作风。根据所掌握知识及日常生活中照明环境要求，阅读运行记录（表4.1）并完成下述任务。

表4.1　电气照明系统全负荷试运行记录表

检验（电）表5.3.1-2　　　　　　　　　　　　　共1页第1页

单位（子单位）工程名称			北京小小设备有限公司—综合楼		
施工单位	天天建筑有限公司		建筑类别	框架	
总照明配电箱位号	AP		设计负荷（A）	121.7	
试运行日期			总开关额定电流（A）	160	
连续运行时间（h）	24		总电源进线型号及线芯截面（mm²）	YJV22–4×70	
试运行情况	运行时间	运行电压（V）			运行电流（A）		
		L1~N	L2~N	L3~N	L1	L2	L3
	08：30	225	220	220	28	23	25
	16：30	225	225	225	28	23	25
	0：30	225	220	225	27	22	25
	08：30	220	225	225	28	24	25
存在问题处理情况							
结论			电气照明系统连续24小时全负荷运行，运行情况正常合格				
专业监理工程师（建设单位项目专业技术负责人）			施工单位	专业技术负责人		
				质检员		
				施工员		
				记录员		

任务：网上搜集照明系统值机监控案例，每组至少三个，分成小组讨论。

【项目资源】

项目资源见表4.2。

表 4.2　项目资源

教 学 资 源	资源使用情况
电气照明系统全负荷试运行记录	1 张/1 人
常用传感器（位移传感器、光控传感器）	若干

【知识拓展】

人们为了从外界获取信息，必须借助于感觉器官。而单靠人们自身的感觉器官，在研究自然现象和规律，以及生产活动中它们的功能就远远不够了。为适应这种情况，就需要传感器。因此可以说，传感器是人类五官的延长，又称电五官。

一、室温、管温传感器

室温传感器用于测量室内和室外的环境温度，如图 4.4 所示。管温传感器用于测量蒸发器和冷凝器的管壁温度，如图 4.5 所示。室温传感器和管温传感器的形状不同，但温度特性基本一致。

图 4.4　室温传感器

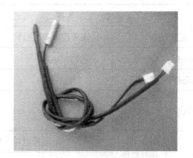

图 4.5　管温传感器

二、电阻应变式传感器

传感器中的电阻应变片具有金属的应变效应，即在外力作用下产生机械形变，从而使电阻值随之发生相应的变化。

图 4.6　称重传感器

称重传感器是一种能够将重力转变为电信号的力-电转换装置，是电子衡器的一个关键部件，如图 4.6 所示。

能够实现力-电转换的传感器有多种，常见的有电阻应变式、电磁力式和电容式等。电磁力式主要用于电子天平，电容式用于部分电子吊秤，而绝大多数衡器产品所用的还是电阻应变式称重传感器。电阻应变式称重传感器结构较简单，准确度高，适用面广，且能够在相对比较差的环境下使用。因此电阻应变式称重传感器在衡器中得到了广泛的运用。

三、压阻式传感器

压阻式传感器是根据半导体材料的压阻效应制成的器件，如图 4.7 所示。其基片可直接作为测量传感元件，扩散电阻在基片内接成电桥形式。当基片受到外力作用而产生形变时，各电阻值将发生变化，电桥就会产生相应的不平衡输出。

图 4.7　压阻式传感器

四、热电阻传感器

热电阻传感器是基于金属导体的电阻值随温度的增加而增加这一特性来进行温度测量的，如图 4.8 所示。热电阻大都由纯金属材料制成，目前应用最多的是铂和铜，此外，现在已开始采用镍、锰和铑等材料制造热电阻。

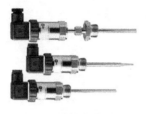

图 4.8　热电阻传感器

热电阻传感器分类如下。

1. NTC 热电阻传感器

该类传感器为负温度系数传感器，即传感器阻值随温度的升高而减小。

2. PTC 热电阻传感器

该类传感器为正温度系数传感器，即传感器阻值随温度的升高而增大。

五、光敏传感器

光敏传感器是最常见的传感器之一，它的种类繁多，主要有光电管、光电倍增管、光敏电阻、光敏三极管、太阳能电池、红外线传感器、紫外线传感器、光纤式光电传感器、色彩传感器、CCD 和 CMOS 图像传感器等，如图 4.9 所示。它的敏感波长在可见光波长附近，包括红外线波长和紫外线波长。光传感器不只局限于对光的探测，它还可以作为探测元件组成其他传感器，对许多非电量进行检测，只要将这些非电量转换为光信号的变化即可。光

图 4.9　光敏传感器

传感器是目前产量最多、应用最广的传感器之一，它在自动控制和非电量电测技术中占有非常重要的地位。最简单的光敏传感器是光敏电阻，当光子冲击接合处就会产生电流。

六、湿度传感器

图 4.10　湿度传感器

湿度传感器如图 4.10 所示，通常都在绝缘的基片，如玻璃、陶瓷、硅等材料上，用丝网漏印或真空镀膜工艺做出电极，再用浸渍或其他办法将感湿胶涂覆在电极上做成电容元件。湿敏元件在不同相对湿度的大气环境中，因感湿膜吸附水分子而使电容值呈现规律性变化。

七、位移传感器

位移传感器又称线性传感器，如图 4.11 所示。位移传感器是一种属于金属感应的线性器件，传感器的作用是把各种被测物理量转换为电量。它分为电感式位移传感器、电容式

图 4.11 位移传感器

位移传感器、光电式位移传感器、超声波式位移传感器、霍尔式位移传感器。

在这种转换过程中有许多物理量（例如压力、流量、加速度等）常常需要先变换为位移,然后再将位移变换成电量。因此位移传感器是一类重要的基本传感器。

在生产过程中,位移的测量一般分为测量实物尺寸和机械位移两种。机械位移包括线位移和角位移。按被测变量变换的形式不同,位移传感器可分为模拟式和数字式两种。模拟式又可分为物性型（如自发电式）和结构型两种。数字式位移传感器的一个重要优点是便于将信号直接送入计算机系统,这种传感器发展迅速,应用日益广泛。

【项目评价】

项目评价见表 4.3。

表 4.3 项目评价表

课程名称：照明线路安装与检修						
学习单元四：照明系统运行与维护						
项目一：照明系统运行						
工作组长			日期			
组员			班级			
序号	评价内容		学生自评 20%	工作组互评 30%	教师评价 20%	企业评价 30%	占该项目百分比
1	照明监控系统控制内容						20%
2	照明控制模式						20%
3	照明控制设定						20%
4	照明控制调整						20%
5	安全文明操作						20%
占学习单元（40%）			本次成绩：			

评价细则：采用 100 分制评分,最小单位为 1 分	备注：
100～85 分:熟悉照明监控系统控制内容;能够独立地利用软件对照明控制模式进行设定;根据实际环境进行控制方式的设定和调整;实训纪律好,学习态度端正	小结（学生填写）: 优点:
84～70 分:知道照明监控系统控制内容;能够独立地利用软件对照明控制模式进行设定,错误小于 3 个;根据实际环境进行控制方式的设定和调整,错误小于 3 个;实训纪律好,学习态度端正	不足:
69～60 分:知道照明监控系统控制内容;能够独立地利用软件对照明控制模式进行设定,错误小于 5 个;根据实际环境进行控制方式的设定和调整,错误小于 5 个;实训纪律好,学习态度端正	
60 分以下:知道照明监控系统控制内容;能够独立地利用软件对照明控制模式进行设定,错误大于 5 个;根据实际环境进行控制方式的设定和调整,错误大于 5 个;实训纪律好,学习态度端正	

项目二

照明系统维护

【目标　　学习本项目后，学生应能：】||||

➢ 在照明系统图上确定线路故障点
➢ 按规程正确、规范维护照明线路

【项目描述】||||

通过照明线路故障检查工作，如图4.12所示，指导学生能够准确判断线路中出现的故障点及故障原因，完成对故障点的排除、调试工作。

在完成照明线路故障检查工作后，技术人员根据照明线路的运行情况及值机监控情况，按规程定期进行系统维护工作。指导学生借助各种仪表及施工工具，完成系统维护工作。

图4.12　线路故障检查与维护

【项目信息】||||

常见电气照明线路发生故障后，通过问、看、听、摸来了解故障发生后出现的异常现象，根据故障现象初步判断故障发生的部位，用逻辑分析法确定并缩小故障范围，对故障范围进行外观检查，用试验法进一步缩小故障范围，用测量法确定故障点，正确排除故障。

一、线路常见的故障检查

照明配线的常见故障主要有短路、断路、漏电和过热。

（一）短路故障

短路故障分为相间（相线与相线）短路、对地（相线与零线、相线接地）短路。

1. 短路原因

（1）导线不符合设计要求，或不合格，在使用中失去绝缘能力。

（2）使用时间过长，或长期过载，绝缘层老化受损。

（3）电压过高，绝缘层击穿。

（4）绝缘层意外损伤（机械摩擦、鼠咬虫蚀）。

（5）线路接错。

2、故障检查

1）故障再现法

将故障怀疑范围内的用电器全部脱离电源，可能出现两种情况。第一种情况是故障消失，则短路发生在脱离电源的用电器或线路中。然后，逐一恢复各个用电器或线路的供电，直至故障再现为止，短路故障发生在此时恢复供电的用电器或电路中。

如果故障只在恢复某条支路时出现，说明是对地短路；如果故障在同时恢复两条支路时出现，说明是相间短路。

第二种情况是故障未消除，这说明故障发生在配电板的开关、熔体及其他保护装置内。

2）万用表法

用万用表检查线路时，须断开总电源的开关和各支路开关，有储能元件的用电器，要做放电处理。然后用万用表的电阻挡测支路开关出线端的各接线桩之间的直流电阻。短路故障发生在电阻值趋近于零时接线桩连接的两条线路中，

（二）断路故障

1. 故障原因

（1）线路断线，如机械损伤断裂，因过流烧断，端头的绝缘层压入接线桩内等。

（2）接点松脱，接线桩的螺钉未拧紧，导线的连接处松动，连接处严重锈蚀、氧化等。

（3）断路器没装熔体、未合闸或停电等。

2. 故障检查

1）外观检查

通过观察，发现未装熔体、未合闸，明显的导线断线与接头松动等问题，有时用手拨拉就可以发现。

2）试电笔检查

在发生断路的电路中，先选取一个怀疑的断点，一般选取熔体为"怀疑点"。用试电笔测"怀疑点"的两端，会有三种情况：第一种情况是试电笔在怀疑点两端都亮，即"两亮"；第二种情况是试电笔在怀疑点一端亮，另一端不亮，即"一亮，一不亮"；第三种情况是在怀疑点两端都不亮，即"两不亮"。

故障一般发生在"一亮，一不亮"的断点之间（此时为熔体熔断）；当测试结果为"两亮"时，表明断点在怀疑点的下方，即靠近负载的一方，应沿线路向下查；当出现"两不亮"时，表明断点在怀疑点的上方，即靠近电源进线的一方，应沿线路向上查；直到查出"一亮，一不亮"的断点所在处。

3）万用表法

将万用表的量程开关置于交流500V挡，测"怀疑点"两侧电压，如果万用表的指示值趋近于零，表明怀疑点连接良好；在断点的两侧，万用表的指示值趋近于电源的电压（220V或380V）。测量时要注意安全。也可在断电的情况下，用万用表的电阻挡测怀疑点两端电阻值，若阻值过大，一般为断路点。

（三）漏电故障

1. 故障原因

（1）线路、设备受潮、腐蚀引起的绝缘性能下降。

（2）线路、设备老化引起的绝缘性能下降。

（3）绝缘受损或未恢复引起的绝缘性能下降。

2. 故障检查

断开电源，断开所有的用电器。用兆欧表检查线路的绝缘电阻，正常线路的绝缘电阻应在 0.5MΩ以上。

（四）发热故障

1. 故障原因

（1）导线截面积过小。

（2）线路过载。

（3）导线连接松散，造成接触不良。

（4）接头氧化，造成接触电阻过大。

2. 故障检查

（1）检查方法可参照过流检查的有关内容。

（2）用万用表检查。

用万用表检查接头的接触电阻时，应断开电源，断开所有的用电器。

用万用表的交流电压挡检查接头两端电压时，应将万用表的量程开关置于交流 500V挡，接头两端电压越高，接触电阻越大。检查时应注意安全。对已氧化的接头，应清除氧化层，重新连接。

（五）照明线路日常维护

无论是出于功能任务的执行、安全或美观原因，照明系统必须维护，以保证想要的照明质量和数量。系统的零件有限定的寿命，并在某些时间点必须更换。灯具性能在失灵以前随着时间过去会有所改变。灰尘堆积在光源和房间的表面。缺乏维护会对人的工作效率、对空间的感知和安全有消极影响，也会浪费能量。

二、线路的维护

照明线路的日常维护一般包括以下内容。

通过清扫灰尘，不仅能保持线路的良好的绝缘状态，还可以发现线路出现的质量问题，如固定支撑松动、线路脱落、断线、绝缘损伤等，并及时修复。

检查线路接头处是否发热，接线桩的螺钉是否松动，找出原因，重新连接。

对已失效的熔体、灯管，损坏的灯泡、开关、插座等器件及时更换。

当自动保护开关经常跳闸，或经常熔断熔体时，可断定线路出现了过流现象，应进一步查找过流的原因。

（1）线路过载必然引起过流，检查各支路的负载，是否超过设计的总容量，是否有未经允许安装的大功率用电器等。查明原因，消除过载。

（2）若线路不过载，则过流的原因是短路或漏电引起的，故障检查同上。根据所查原因，更换造成短路、漏电的器件、导线，或恢复短路点、漏电点的绝缘。

维护接地线，保持接地性能良好。

三、故障检修和维护建议

（一）预热荧光灯电路

故障检修：

（1）用能运转的灯具替换现有灯具。

（2）使用列于镇流器标签上的灯具类型。检查确定某些灯具能用在预热电路上。

（3）用有效的启辉器替换现有启辉器。

（4）检查灯具配线是否有不正确的接线、松线或坏掉的灯座或电线。参考镇流器上打印的配线图表。

（5）检查镇流器，如果坏了或不适合就应该替换掉镇流器。

维护建议：

（1）无效灯具必须尽快更换掉。循环灯具引起镇流器内反常的流动电流，会造成镇流器加热并减少镇流器寿命。

（2）灯具循环会减少启辉器寿命。

（二）白炽灯

白炽灯的故障通常是由误用、不合适的操作条件或不良维修所致。

维护建议：

（1）超电压运作。超电压运作会剧烈缩短灯具的使用寿命。例如，一个 120V 的灯具在 125V 的电路下运作会损失寿命的 40%。

（2）振动环境。在这种情况下，建议使用防振或防暴灯具。如果使用普通的灯具会导致寿命的缩短。

（3）底座。高功率灯具不应在低功率设计的底座上运作，否则会导致过高的灯具和底座温度。过高的温度可能影响灯具性能或缩短绝缘线和底座的寿命。

（4）光源。只能使用适合的灯具。光源的任何金属部分与热灯具的接触都可能导致灯具的失灵。

（5）清洁灯具。不能用湿布来清洁热的灯具，会引发故障。

（6）适当的位置。灯具应该在灯具生产商所规定的适当位置下运作。错误的位置会引起灯具过早失灵。

（7）更换灯具。只要可能，灯具应该在电源关掉的情况下更换；否则，灯具底座和插座之间会出现电弧。

（三）金属卤化物灯

故障检修：

（1）许多金属卤化物灯应在规定的运作位置下使用，否则会导致寿命减少或不合适的光输出和色彩。

（2）短期供电中断后重启时间可能比汞灯要长。

（3）对金属卤化物灯来说，通常在电路通电的时间和灯具启动的时间上会有短期延迟。

（4）灯具之间轻微的色彩转换是金属卤化物灯的特点。同样，运作一两天以便稳定灯具的色彩和整批灯具的一致性是必要的。

（5）用有效验的灯具替换。确保运转的灯具是冷的，因为热灯不能立即重启。

（6）检查固定是否正确，其基础外壳与接线是否与灯座吻合。

（7）检查镇流器标示牌。确定镇流器和灯具的指示相一致。

（8）检查镇流器配线。如果使用多头初级线圈镇流器，确定连接的抽头与供应的电压相匹配。

（9）检查开放式电路的供应电路配线是否正确连接。

（10）如果不能获得输出电压，则应更换镇流器并确保线路电压与镇流器输入终端正确相连。

（11）如果灯具过早失灵，尤其是在同一灯具里以同样的方式重复，检查下列事项：

① 灯泡的裂缝或破裂。这些裂缝会使空气进入灯具内并引起电弧管封条失效。它们是由粗糙的处理、与灯泡改变器或灯具的金属部分的连接，或有水滴在热灯上所引起的。

② 电弧管过黑或肿胀。这意味着过多的灯具电流和过压操作（见上面第 7.8.9 项）。同样，镇流器可能因为一个零件故障而失灵，如中心线圈或电容器短路。

维护建议：

（1）如果要将金属卤化物灯从一个光源处移到另一处，在转移时保持其安装的方向。如果灯具旋转，其色彩会改变。

（2）在允许的运转位置操作金属卤化物灯。

（3）如果使用多头镇流器，检查确保分接处符合镇流器分接所连接的供电电压。将特定的线电压连接到要求更高电压的分接处会由于低压操作而引起暗光输出。而将线电压连接到要求低压的分接处会由于高压操作而缩短灯具和镇流器寿命。

（4）线电压必须接近恒量。各种镇流器类型都可以根据线电压变化来提供合适的灯具功率变化。

（5）选择灯和镇流器必须使其电子特性相符。错误的灯具和镇流器匹配会导致使用寿命缩短和设备损坏。

（6）灯具应小心处理。粗糙的处理会造成外罩的刮擦或破裂，从而导致灯具寿命缩短和可能的损伤。

（四）高压钠灯

故障检修：

（1）按照金属卤化物灯的第 5～10 个步。

（2）如果灯具过早失灵，尤其是在同一灯具里以同样的方式重复，检查下列事项：

① 灯泡上的裂缝或破裂

② 电弧管上过多的污点或外罩内壁上的金属沉淀表明是过压运作。同样，镇流器零件也可能坏掉，例如，电容器或中心线圈可能短路。

（3）高压钠灯必须用点火器启动。如果旧的或好的灯具不能启动，必须确定点火器或镇流器是否有缺陷。首先确定合适的线电压是否与镇流器输入端正确连接。用镇流器检测器或伏特计，按照厂家指示确定好坏。不能将伏特计或万用表连接到开放式或无效高压钠灯底座，点火器产生的高压脉冲会损坏仪表。

维护建议：

（1）按照金属卤化物灯第3～6条。

（2）高压钠灯在陶瓷电弧管和外罩之间有真空。仔细处理这些灯具，如果下坠时玻璃破裂，真空灯具会有较大的噪声。

（3）在灯具运作过程中外罩破裂的情况下，紫外线辐射就不是问题了。

注意：为阻止电振，通常在移开或安装灯之前关掉电源。这一点在移开外壳已经破裂或损坏的灯具时尤其重要。除非电源关掉，暴露在外面的灯具内部结构的金属零件仍带电，碰触它们会引起电振。

（五）汞灯

遵照对金属卤化物灯的维护建议和所有预防措施，因为这些通常适用于汞灯。

（六）低压钠灯

故障检修：

（1）用有效的灯具替换原有灯具。

（2）检查灯座，确保正确的灯具位置和连接。

（3）检查镇流器标示牌的兼容性。

（4）检查镇流器配线。如果使用多头镇流器，确保镇流器分接处与镇流器供电电压匹配。

（5）检查电路配线。

（6）检查光源的接地。

（7）更换镇流器。

（8）如果灯具过早失灵，检查下列各项：

① 灯具破损。检查灯具外部灯泡是否有裂缝或刮擦。它们是由粗糙的处理、与灯泡改变器或灯具的金属部分的连接，或有水滴在热灯泡上所引起的。

② 灯泡碰到灯具、灯座或任何硬的表面。

（9）如果电弧管有裂痕、变黑，或使用不久就膨胀，或者外壳内的连接导线损坏，检查下列各项：

① 过压操作。检查镇流器额定电压，以及镇流器是否使用正确的分接线。

② 过多电流。检查镇流器是否短路，检查可能的电压过急或供给线上的瞬时现象。

维护建议：

（1）如果使用多头镇流器，检查确保分接处与镇流器供电电压匹配。低压会引起暗光输出、不良的流明维护并减少灯具寿命。高压会缩短灯具寿命。

（2）电路应该不受电压波动影响。更换的镇流器必须与具体的电压、频率和灯具类型相符。

（3）应该用合适的灯具类型来匹配镇流器。灯具和镇流器的错误搭配可能导致灯具寿命缩短或灯具重复开关。

（4）小心操作灯具以避免破损。

【项目实施】

说明：照明系统因其设备设施功率较小，不易出现线路故障，但因其配线方式较为特殊，出现故障后不能及时判断，这就要求我们日常工作中牢牢记住其故障现象的检查方法，做到发现故障及时排除，保证线路正常运行。根据所掌握知识，完成下述任务。

（1）将表4.4填写完整。

表4.4　故障检查表

名称	故障原因	检查方法
短路		
断路		
漏电		
过热		

（2）依据填写内容，检查日常生活中照明线路及照明设备设施，作好记录。

（3）说明：照明系统维护工作是保障线路正常、安全运行的一个重要环节，任何时刻都不能忽视。根据所掌握知识，完成下述任务。

① 完成校园内照明线路及照明设备设施的维护工作。

② 完成个人家庭照明线路及照明设备设施的维护工作。

注：根据维护内容，自行设计维护记录单，其中包括维护线路、设备名称、周期等内容。

【项目资源】

项目资源见表4.5。

表4.5　项目资源

教　学　资　源	资源使用情况
电工工具（验电笔、钢丝钳、卷尺、一字改锥、十字改锥、电工刀、剥线钳、尖嘴钳、电钻、管钳）	1套/人
电工安全用具（电工包、安全帽、安全手套、安全带、绝缘伸缩梯）	1套/人
测试仪表（万用表、钳形电流表、绝缘电阻表）	1套/2人
绝缘胶带	1卷/人

【知识拓展】

庭院灯是户外照明灯具的一种，通常是指6米以下的户外道路照明灯具，其主要部件由光源、灯具、灯杆、法兰盘、基础预埋件5部分组成，因为庭院灯具有多样性、美观性的特点，所以也称景观庭院灯。

它主要应用于城市慢车道、窄车道、居民小区、旅游景区，公园、广场等公共场所的室外照明，能够延长人们的户外活动的时间，提高财产的安全。

现代庭院照明灯具不但提供良好的照明，而且还要用照明展现建筑物自身的特点和独特风格，并与环境协调一致。

庭院灯的保养注意事项：

（1）不得在灯上挂放物品，这样会极大地缩小庭院灯的寿命。

（2）要及时检查灯管是否老化，并且及时更换，如果在检查的时候发现灯管的两段已经发红、灯管发黑或有黑影等情况，就证明灯管已经开始老化，更换灯管一定要按照标志提供的光源参数来进行。

（3）不要频繁开关，这样做会大大减少庭院灯的使用寿命。

庭院灯是现在城市亮化中的重要部分，一定要及时做好养护工作，确保正常使用。

【项目评价】

项目评价见表4.6。

表4.6　项目评价表

课程名称：照明线路安装与检修						
学习单元四：照明系统运行与维护						
项目二：照明系统维护						
工作组长			日期			
组员			班级			
序号	评价内容	学生自评 20%	工作组互评 30%	教师评价 20%	企业评价 30%	占该项目百分比
1	照明系统常见故障原因及排除方法					30%
2	照明系统维护内容					30%
3	故障报警					20%
4	安全文明操作					20%
占学习单元（60%）			本次成绩：			
评价细则：采用100分制评分，最小单位为1分 100～85分：能够准确说出照明系统常见故障排除方法；能够说出照明系统维护内容；能够简单处理故障报警；实训纪律好，学习态度端正 84～70分：能够准确说出照明系统常见故障排除方法，错误小于3个；能够说出照明系统维护内容；能够简单处理故障报警；实训纪律好，学习态度端正 69～60分：能够准确说出照明系统常见故障排除方法，错误小于5个；能够说出照明系统维护内容；能够简单处理故障报警；实训纪律好，学习态度端正 60分以下：能够准确说出照明系统常见故障排除方法，错误大于5个；不能说出照明系统维护内容；不能够简单处理故障报警；实训纪律好，学习态度端正			备注： 小结（学生填写）： 优点： 不足：			